讀一個天氣的故事

読み終えた瞬間、空が美しく見える気象のはなし

前言

傍晚雨後天空中出現的彩虹橋、染上深紅的滿目朝霞、夏季蔚藍天空中湧現的白雲、似乎預告著將有好事發生的彩虹色雲朵——你是否見過這些魔法般的天空景象，並為之感動呢？

天空是一面映照心靈的鏡子。

高興的時候抬頭望見的藍天，就像在給予自己祝福。遇到難過的事情而陷入低潮時所下的雨，彷彿是天空在幫自己溫柔洗去那些心痛和悲傷。又或者內心感到擔憂時，若瞧見形狀詭異的雲朵，心情就愈發不安。

我們生活在天空之下，每當仰望天際時，總會浮現許許多多的思緒。

「氣象學」就是從科學角度解釋這些天空現象，幫助人們進一步了解大自然的學問。

自古以來，氣象一直與人類生活息息相關，早在西元前約三五〇〇年就曾留下祈雨的紀錄。特別是對於農業、漁業、自然災害等等，氣象都是人類求生的重要依據。

古代希臘哲學家亞里斯多德曾在《氣象匯論》一書中論述自然科學。他研究氣象的方式是「觀察」，也就是從抬頭仰望天空做起。

其實時至今日，這個做法依舊沒有改變。氣象學即是透過觀察，然後深入剖析理解關於地球周遭空氣的「大氣」流動，以及雲、雨、雪、雷等自然現象，而且觀察本身也能協助改善天氣預報的準確度。

在沒有天氣預報的時代，人們是透過直接觀看天空和雲朵變化，依照經驗去推測天氣。現在受惠於電腦科學、資訊科技與觀測技術的進步與發達，每個人都能透過智慧型手機得知天氣預報和雨雲的即時狀態。

不過，氣象學的發展一路走來並不順遂。

雖然古希臘最初是從自然哲學的角度研究氣象學，但是當時基督教主張大自然是神的領域，人類不該妄圖剖析神的創造，研究一度因此停滯。

之後，印刷術的發明推動了科學革命。氣象科學革命也隨著有線電科技的發明而出現，氣象學得以再次向前邁步，也變得能夠從觀測資料去推測大氣運動。除此之外，在第二次世界大戰期間，雷達等觀測技術和電腦科技快速進步，氣象學也以日新月異的速度持續發展到現在。

但即使是科技進步的現代，氣象學仍有許多未解之謎。就連身邊處處可見的雲朵，在詳細微物理構造或組成方面，可能仍有人們無法解釋的原理。

身為雲研究家，我每天都在解析雲朵。當我眺望天空看著那片風景，知道這其中仍有許多科學無法解釋的謎團時，我總會不由得心情澎湃。

當然，逐年進步的氣象學也讓我們了解到許多自然現象。

很久以前，大家曾議論過「地球真的有發生暖化嗎？」的話題。經過相當多科學研究日積月累的成果，聯合國政府間氣候變遷專門委員會（IPCC）於二〇二一年八月發表的第六次氣候變遷評估報告清楚指出：「人類活動毫無疑問已對大氣、海洋以及陸地暖化造成影響。」

如今天氣預報的準確度正穩健提升，完善的觀測網和電腦運算能力急遽發展，氣象預測的技術研發也持續進展。

儘管如此，天氣預報仍會有失誤的時候，很多現象仍無法徹底精準地做出預測，除了混沌效應外，這是因為「人們還沒有完全理解氣象」的緣故。

氣象學不僅僅是以天氣預報的形式與我們的生活緊密相連，扮演在災害中保護生命安全的防災角色而已。氣象學也是一門實踐的學問，幫助我們正確認知正處於暖化中的地球環境，以及其未來的變化。氣象學屬於地球科學之一，和地理學、工程學密切相關，同時和農業、經濟學、醫學等也有關聯。

另外，為了解釋氣象這種物理現象，我們會使用數學公式描述，並將其運用於模擬情境，來製作天氣預報。

我認為學習氣象學可以讓人生變得更加豐富。

認識天空現象的運作原理，不僅讓我們更容易遇見美麗的天空和雲景，還能減少被突如其來的雨淋成落湯雞的窘況，更能在遇到災害時保護自己。以前只是覺得「今天雲好多」的天空，現在能分辨不同名稱的雲，了解當下的天空狀態——換句話說，我們「對天空的解析度」提高了。

只要多懂一點點知識，我們眼中的世界就會變得很不一樣。當我們覺得越來越有趣，並學會使用算式了解物理的原理，就會從概念性理解昇華到數值性理解，學習又變得更好玩了。

氣象學就是一門會讓人越學越著迷的學問。

我撰寫本書便是想傳達氣象學的這些妙趣之處。

本書的第一章將介紹我們日常生活中會遇到的氣象範例。我會用浴缸的水、味噌湯、咖啡、冰棒等生活中能夠用氣象學來解釋的現象，說明它們和實際可以從天空觀察到的現象有何關聯。

第二章是解說雲所帶來的樂趣。比如研究動畫作品中描繪的雲、如何從天空中的雲去解讀大氣狀態、有趣的雲朵組成、怎麼拍出漂亮的雲等等。

第三章會講解美麗的天空現象如何形成，以及如何看到這些現象。包括彩虹、彩雲、雲隙光、火紅天空中出現的藍色時刻（Blue hour）等現象，以及因太陽和月亮造成的現象。讀完這一章節，你將更容易遇見這些美麗的天空景象。

第四章介紹陰天或雨天的有趣之處，以及此類不穩定天氣的形成原理。特別是針對雨、雪、雲、霧，我們如何從天空觀測這些現象，又怎麼建立天氣預報。

第五章會講解氣象學的歷史和基本的氣象機制。內文以照片和圖解交替介紹的方式，解釋氣象學中探討的對象、氣象學的發展，還有雲、雨、雪、氣溫、氣壓、風、大雨、大雪、龍捲風、颱風、地球暖化和氣候變遷等主題。

最後的第六章則是著重於介紹天氣預報。例如為什麼氣象預報會失準、天氣預報和產業的關聯性、從雲和天空推測天氣變化的方法、日本氣象預報員制度，以及雲研究家（筆者）為提升天氣預報準確度所做的研究等等。

本書可以從任何章節開始閱讀。拉頁附錄是幫助大家更能體會雲和彩虹有趣之處的流程圖。全書最後也有附上方便複習和查閱氣象術語的便利索引，也另外提供了深入學習的推薦書籍。

本書的製作初衷是透過帶讀者認識氣象學的起源與發展，綜觀目前已知的氣象原理，在生活中對氣象學產生親近感，並且更了解天空。

如果大家讀完這本書之後，再度抬頭看天空時覺得雲變得更美麗了，那就是我身為雲研究者最開心的一件事。

荒木健太郎

目　次

第2章　透過觀雲欣賞天空之美

第4章 就算是壞天氣

第5章　感動人心的氣象學

第6章　天氣預報就是這麼有趣

第1章

貼近生活的氣象學

從味噌湯探索雲的形成

餐桌上常見的味噌湯，是讓我們在用餐時也能體驗到雲是如何形成的絕佳教材。

味噌湯小劇場

首先，請注意看味噌湯倒進碗裡時冒出的熱氣。空氣與熱湯表面接觸後受到加熱，同時湯的表面也會不斷產生水蒸氣。在味噌湯表面附近形成的濕熱空氣，由於密度比周圍空氣小、重量較輕，因此會往上飄升。

空氣在上升過程逐漸冷卻，而冷卻會讓空氣中能容納的水氣含量減少，因此達到飽和並凝結（即氣體的水蒸氣轉化成液態的水），形成水滴。這就是我們見到的「熱氣」。所謂的飽和，就是空氣中含有的水氣量達到極限的狀態。若熱氣繼續上升，就會與周圍的乾燥空氣混合，進而蒸發消散。

其實，雲也是由這種物理現象產生的。

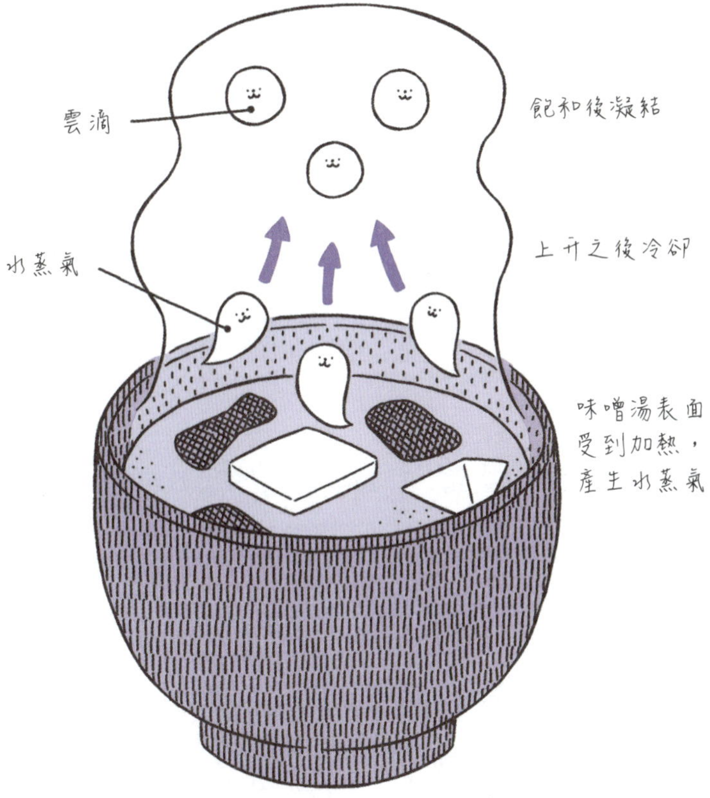

雲與味噌湯有異曲同工之妙

雲是飄浮在空中的水滴或冰晶的聚合體。熱氣也具有相同的性質，水蒸氣凝結成水滴（雲滴）時，需要能夠形成核心（凝結核）的物質。

試看看將點燃的線香靠近冒出熱氣的味噌湯上方。這時，你會看到大量湧現的熱氣，這就是「成核」的瞬間。上升的水蒸氣藉由線香的煙作為凝結的核心，於是形成雲滴——這就是雲的形成過程。

燒肉店的熱湯蒸氣

我們在燒肉店點的湯會冒出大量熱氣，也是源自同樣原理。也許有人看到那麼多霧氣，覺得湯似乎很燙，但喝了一口後卻發現其實沒有想像中那麼燙。

這是因為店內有許多客人在烤肉，到處煙霧瀰漫，因此空氣中充滿了「氣膠」（aerosol）——大氣中形成凝結核的懸浮微粒。在這種環境下，更容易形成大量雲滴，產生比平時更多的熱氣。

此外，把香菸的煙霧靠近裝有熱咖啡的杯子上，也能看到含大量小雲滴的熱氣大量冒出。

積雲

味噌湯的「熱對流」

從味噌湯還可以觀賞到另一部關於雲形成的「天空小劇場」。

請將熱騰騰的味噌湯倒入碗中，然後仔細觀察。應該會發現味噌湯中，有由下方往上浮升的流動，也有由上方往下沉降的流動。

這表示味噌湯中產生了上升流和下降流，導致熱氣在裡面不斷循環的「熱對流」。當底部與頂部之間的溫差超過一定值時，就會產生熱對流。

夏季經常看見的「積雲」（日文又稱「綿雲」）也是基於同樣狀況而

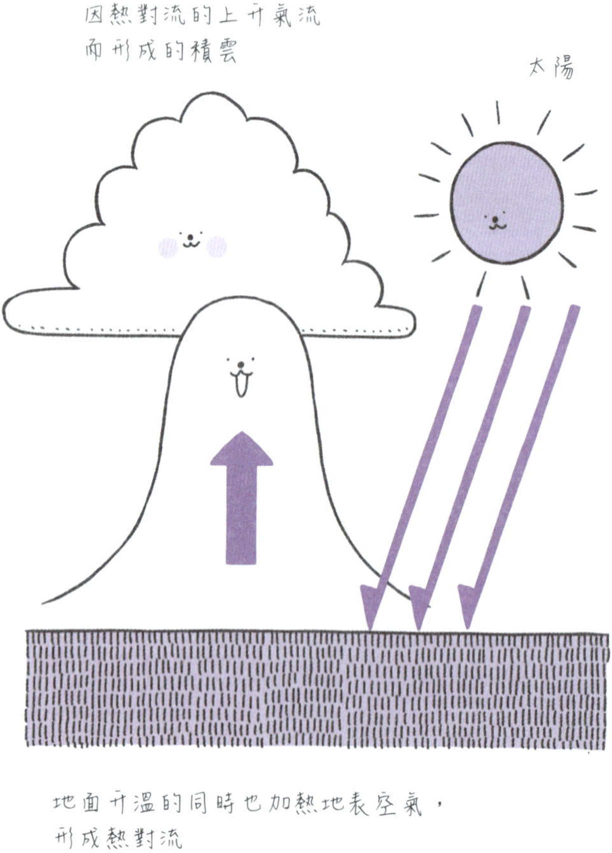

積雲的形成原理

產生。積雲是地面經過太陽照射而升溫，地表附近的空氣受熱上升，因而在高處形成的雲。因此積雲會在同一地點反覆出現又消失，就像碗裡的味噌湯一樣。

當味噌湯漸漸變涼，上下溫差轉小，熱對流相對也會趨緩。大氣中的熱對流也是如此。在一樣的地方「積雲不斷形成又消失」的同時，上方有厚重雲層積聚，遮擋住日光，使地表溫度下降。於是熱對流會立即減緩，積雲無法形成，就像是一碗「冷掉的味噌湯」。

晴朗的天空若出現積雲，就是有熱對流產生的證據。從一碗味噌湯竟能看到如此豐富的氣象物理現象，活脫脫就是一個「天空模型」。

剛把熱湯倒入碗裡時，我們可以認識熱氣上升凝結成核的過程，也能在碗中觀察到熱對流現象。

最後，有一件重要的事提醒大家。雖然可以觀察到味噌湯開始冷卻後對流減弱的過程，但請趁著湯完全變涼之前，趕快好好享用喔！

清晨綠意盎然的公園

假日或上班途中順道經過的公園——其實在如此稀鬆平常的地方就可以觀察到氣象，也就是大氣的現象。順帶一提，在天氣預報中總會出現「大氣不穩定」這種說法，這裡的「大氣」指的是「覆蓋地球的空氣」。

早晨公園裡的霧氣

現在，請大家想像某個下過雨的早晨。當你在公園散步時，看見樹椿上浮現類似水蒸氣的氣體。這個現象跟味噌湯的熱氣一樣，十分類似雲滴形成的瞬間。

為什麼樹椿上會冒出水蒸氣呢？

首先，太陽的光線會加熱它照射到的物體。在早晨的公園裡，樹椿受到陽光照射而變熱，接著將熱能傳導給周圍接觸到的空氣，並釋放出水蒸氣。空氣中的水蒸氣含量因此大量增加。此時，位在樹椿上方的空氣溫度相對較低，當兩股空氣混合後，溫度下降並達到飽和，於是水蒸氣便凝結形成霧氣。

樹樁上的霧氣

霧氣呈現白色的原因

樹樁浮現的水蒸氣水滴大小跟雲滴差不多，照射在上面的光線會朝四面八方散開（散射），由於這些四處散射的不同顏色光線重疊後進入我們的眼睛，因此便覺得霧氣看起來是白色的。

在樹樁附近，由於霧氣中的水滴較多、光線強烈散射的緣故，感覺特別白。但當霧氣上升，開始和周圍的乾燥空氣混合並蒸發後，白色就會越來越淡，直到慢慢消失。

飄浮在天際的積雲也會跟周圍空氣混合後蒸發消失，這一點與霧氣形成的過程很相似。

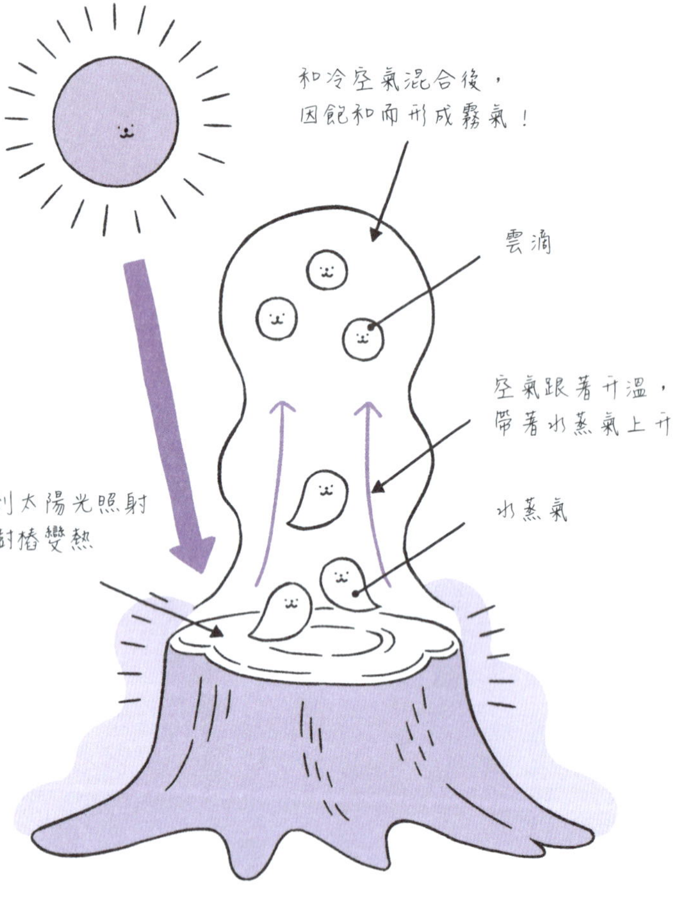

樹樁上出現霧氣的原理

空氣升溫後密度會變小，重量比周圍空氣更輕，因此產生朝上流動的上升氣流。透過影片分析樹椿霧氣的上升速度，進一步計算「霧氣和周圍空氣的溫差」，結果發現霧氣比四周空氣高出約五度。雖說其他氣象條件也會影響溫度變化，但實際把手放在樹椿上浮現的霧氣中，的確會感覺比周圍空氣稍微溫暖。

穿透林葉的日光

隨處可見的公園、社區綠地等處是可以觀察到各種氣象相關物理現象的最佳場所。

植物會呼吸，所以像下過雨之後，吸水的樹木就會吐出水蒸氣。樹木越多的地方，空氣中產生的水蒸氣（蒸散）也越多。若空氣裡的水蒸氣含量增加而達到飽和，就會形成如同霧氣一般的雲，名為「森林雲」。

我們也會在早晨林木茂密的公園裡看見如同雲隙光的現象。

早晨的森林原本就有來自植物提供的水蒸氣，再加上地面的熱能於夜間散逸，導致地面附近的氣溫下降，形成輻射冷卻（第二九一頁），因此空氣變得更潮濕，也更容易形成薄霧。

公園的天使之梯

此時空氣裡飄浮著細小的水滴，經日光照射，光的路徑變得肉眼可見，於是形成又名天使之梯的「雲隙光」（第一八六頁）。

森林地面附近的空氣層具有特殊性，因此這種氣層稱為「森林冠層」。此外，都市裡也有名為「都市冠層」的氣層。

冠層的英文是「Canopy」，原指佛像或古代貴族的床鋪上裝設的頂篷，在氣象學裡是指天空的一部分或整體被建築物或植物枝葉遮蓋的空間。

池塘裡的大氣重力波

各位小時候有試過將小石頭丟進公園的池塘，然後欣賞水面產生漣漪嗎？其實，類似的波動在天空中也會出現。

朝池塘丟出的石頭掉進水裡，而掉落處的水面會上下波動。這是因為水面在石頭落下時形成凹陷，接著立刻向上回彈，隨後又因重力被下壓。這一連串運動反覆進行，水面就會出現波浪向周圍擴散。這種現象稱為「重力波」，在大氣中也會發生。

提到重力波，或許有人會聯想到天文學中的重力波（gravitational wave）。這是由物理學家阿爾伯特・愛因斯坦（Albert Einstein，一八七九－一九五五）在一九一六年根據廣義相對論所預測的現象，描述時空（重力場）扭曲所造成的時間變動，會以波動形式高速傳播的現象。

另一方面，大氣中的重力波（gravity wave）屬於流體力學的範疇，和天文學重力波不儘相同，指的是由重力作為回復力，在液體表面引起的波動。

當上空的空氣形成波動時，在波峰處含有水蒸氣的空氣會被抬升而形成雲，

將大氣重力波化為肉眼可見的波狀雲

而波谷處的空氣會下降，雲因此蒸發消失——跟隨這樣的流動，天空就會出現如同波浪相連的波狀雲。換句話說，雲將空氣的流動化為可見，讓我們觀察到大氣中的波動。

對登山客來說，大氣重力波也是不可忽視的重要現象。在山區經常可看到的莢狀雲（第一二一頁），是一種判斷天氣變壞的依據。山區天氣多變，登山時觀察大氣重力波，對於預測惡劣氣候很有幫助。

大氣重力波本身是一種隨處可見的氣象變化。造成空氣振動的重力波有很多種，有些發生在山的背風處，也有一些是在積雨雲的上升氣流及下降氣流傳導時產生波動，因此擴散而形成。

當你在公園的池塘投擲石頭時，若能體會到空氣的流動，就算是朝氣象專家踏出一步了。

翱翔天際之旅

享受飛行途中的奇景

搭飛機出遊時能從空中眺望天空，讓我們欣賞到在地面上看不見的天空模樣。這時，我們的首要考量是「該選擇飛機上哪個座位才好」。第一個條件是先挑選視野不會被機翼遮擋的靠窗座位，接著要考量航程時間、飛行路徑，以及飛機和太陽的相對位置。

舉例來說，在早晨搭乘從羽田機場飛往新千歲機場的航班時，因為是朝北飛行，太陽會出現在機艙右側（東邊）。這時座位要選擇左側還是右側，端看你想要觀賞哪種「特殊現象」。

選擇坐在太陽對側的位置，能夠看見深具代表性的「布羅肯奇景」（Broken Spectre）。飛機航行途中，機身下若有積雲或層積雲出現，那麼我們搭乘的班機

布羅肯奇景

就會在雲上形成影子，然後以這個影子為中心點，出現彩虹色的光圈——也就是光環。

其原理是太陽光在水滴形成的雲滴裡往四周擴散（繞射），形成了以影子為中心的環狀彩虹色光。由於這種現象經常在德國的布羅肯山出現，於是被稱為「布羅肯奇景」。有積雲或層積雲的時候，有很高的機率會發生這種現象，很容易看得到。

除此之外，下雨時坐在和太陽反方向的位置，只要是在窗邊都能看見彩虹。而且從飛機上看的話，有機會看到完整的環狀彩虹。

白虹

飛機背光時的影子正好位於「反日點」（antisolar point），以此點為中心出現的環狀彩虹才是彩虹真正的模樣（第一五一頁）。當我們人在地面上，反日點會低於地平線，因此只能看到一部分位於空中的圓環。假如人在飛機上，幸運的話就能看到完整的彩虹。

另外，如果飛機四周飄著積雲或層積雲，在起飛後或落地前，趁著機身快要脫離雲層的時候看向窗外，你可能會遇見環狀的「霧虹」（又稱為白虹）喔（第一五七頁）。

日暈、幻日、幻日環

天空的彩虹色饗宴

坐在和太陽同側的位子也可以看見很多大氣現象。當飛機升空，眼前出現一大片卷層雲的時候，我們將同時看到各式各樣的現象。

若是從地面朝天空看，雖然可以在太陽周圍看到環狀的「暈」（Halo）（第一六七頁），但因為地平線擋住了一半的天空，日暈之外被稱為「弧」（**Arc**）的彩虹色現象僅會出現在我們所見到的天空部分。然而，若從空中眺望，因為沒有任何遮蔽物，所以會看見各種不同的弧。位於太陽周圍的是「日暈」，它的旁邊有「幻日」，以及連結幻日的「幻日環」。不僅如此，太陽上方還會出現「上外切弧」，以及下方的「下外切弧」，可以一睹豐富的天象饗宴（第一六九頁）。

蔚藍的天空

彷彿會將人吞沒的深邃藍天

搭飛機的時候，大家一定要把握機會好好欣賞「蔚藍的天空」。

越接近高空的地方顏色越藍，距離地平線越近則會偏白。這是因為距離地表越近，灰塵等懸浮微粒（氣膠）或水蒸氣這類造成光線散射的物質比較多的緣故。

天空呈現藍色，是由於我們人眼能夠識別的「可見光」當中的藍光發生散射（第一四六頁）。

在天空下半部存在著比較多的氣膠，造成各種色光大量散射，當多種色光疊加後，便導致天空顏色偏白。

相反地，身處高空向上看的話，天空會變成一片深藍色。這是因為高空的水蒸氣或氣膠微粒量極為稀少，藍光能夠直接傳遞到人眼。徜徉在彷彿會將人吞沒的深邃藍天，也是在天空航行的樂趣之一。

此外，如果我們從飛機的窗戶往下看，有時會看見海洋上方十分晴朗，陸地反而出現雲層的景象，這是海洋和陸地的比熱不同所造成的。

陸地的比熱相較海洋來得小，有「容易升溫、也容易降溫」的特性。所謂比熱是指「物體升溫（降溫）所吸收（釋放）的熱量」，陸地比熱約為海水比熱的四分之一到五分之一。陸地表面經白天日光照射後急劇升溫，便產生熱對流（第二十三頁），而熱對流所產生的「上升氣流」會在低空促成積雲。

這也表示陸地的大氣狀態比海洋更容易變得不穩定。海洋在白天需要更多時間才能升溫，因此海上的大氣相對穩定，比較不會造成會產生積雲的熱對流。

觀察雲的狀況，尤其是積雲的發展，我們能夠推測哪裡的大氣變得不穩定、正在發生熱對流，或是哪裡的大氣狀態很穩定。

搭乘飛機之前，事先查看氣象衛星雲圖（第一四〇頁），猜想待會的天空之旅可能遇到什麼樣的風景，也會為旅行增添樂趣。

當飛航路徑處於較低的位置時遇到雲層，就能期待看見布羅肯奇景。如果飛航路徑位於高空冷雲較多的高度，也可以想像到時能在上空看見耀眼奪目的雲海。

浴室的天氣現象

每天滿腦子都在思考雲的雲研究家，即使是在一天結束後的放鬆時光——入浴的時間，仍會猛然發現自己又在想「雲的物理現象」。

浴室裡的降雨

通常我會最先注意到浴室的鏡子或窗戶上出現的「結露」現象。

在裝滿熱水的浴缸裡泡一段時間之後，鏡子和窗戶玻璃都會起霧。這是因為浴缸的熱水使浴室內空氣升溫，產生水蒸氣。等到接近飽和狀態時，空氣在相對低溫的鏡子或窗戶玻璃附近又冷卻下來，於是水蒸氣便在鏡子或窗戶玻璃的表面凝結成水滴。

這跟我們在冷天讓室內變暖之後，窗戶會跟著結露的情況一樣。此外。雲滴的形成跟這種結露現象的原理也相同。

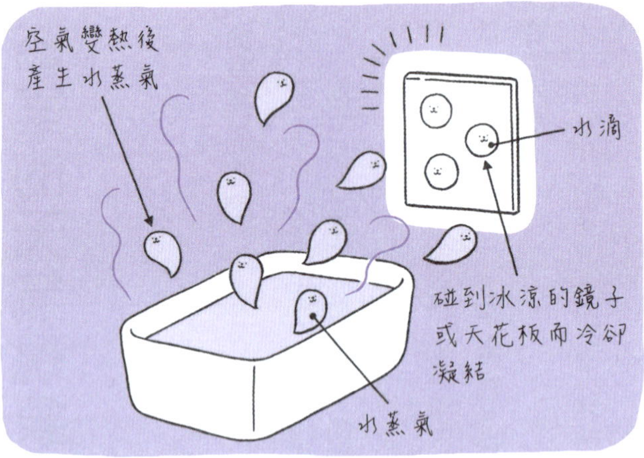
空氣變熱後
產生水蒸氣
水滴
碰到冰涼的鏡子
或天花板而冷卻
凝結
水蒸氣

浴室和雲的物理現象（初級篇）

另外，當我們泡在浴缸裡一段時間之後，會看到天花板和窗戶上的水滴越變越大顆。每一顆水滴原本都小小的，隨著時間會越變越大。原因是浴缸裡不斷產生水蒸氣，水滴從表面吸收這些水蒸氣之後，發生「凝結增長」的現象。不過，當水滴變得越大，增長速度也隨之趨緩，窗戶上的水滴只會發展到一定程度的大小。接下來的一小段時間，它一直維持勉強不掉落的樣子，讓人看得心急。

此時可以試著對水滴吹氣讓它滴落。你會看見水滴彼此結合在一起，產生加速增長的「碰撞與合併成長」

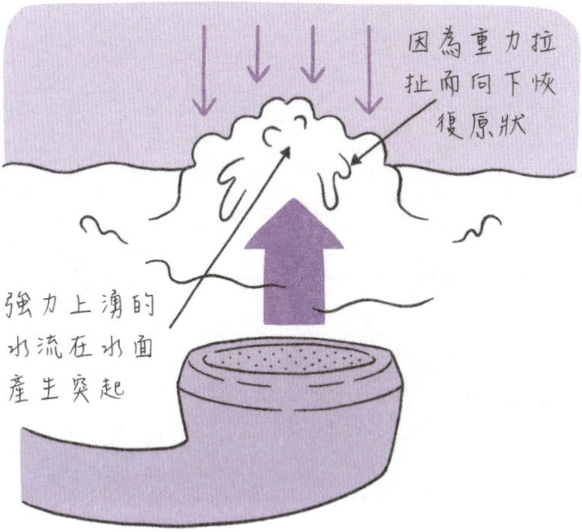
因為重力拉
扯而向下恢
復原狀
強力上湧的
水流在水面
產生突起

浴室和雲的物理現象（中級篇）

現象，最後快速地大量落下。

其實這和雨水在雲裡面形成的過程完全相同（第二八一頁）。

從浴室天花板或窗戶滴下來的水滴，就跟從雲朵降下的雨水是同樣的形成過程。當你洗完澡來一杯冰水的時候，請仔細觀察杯子。裝有冰水的杯壁也會發生水滴彼此結合並滴落的結露現象。可見在日常生活中，有許多情境都能感受到雲和雨的原理呢。

用熱水感受空氣流動

浴室裡能夠體驗到的氣象學可不止雲和雨的

過衝的積雨雲和砧狀雲

物理現象喔。如果把浴缸和洗臉台的熱水當成天空，還能更生動地重現雲的運動跟大氣的流動。

首先我要介紹的是如何重現積雨雲的「過衝」現象。

第一步，請將正在噴水的蓮蓬頭，以噴灑面朝上的方向沉入裝有熱水的浴缸裡。請注意，有些蓮蓬頭款式浸到水裡會導致故障，要記得先確認清楚再做實驗。

蓮蓬頭浸入水中後，朝上噴灑的水柱會讓水面變得膨脹鼓起。這些稍微高出原水面的熱水，隨即又會被重力壓回原處，看起來就像過衝的積雨

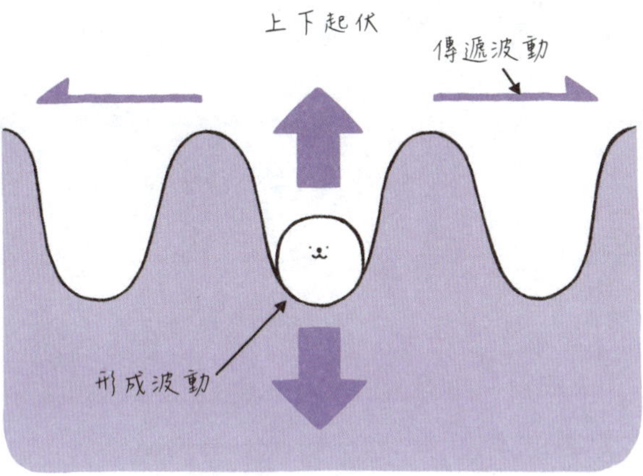

大氣重力波的原理

雲一般。

另外還有一種雲叫「砧狀雲」。

當積雨雲的高度到達最高點，無法繼續向上發展的雲只好往左右擴散，這種雲就叫「砧狀雲」。在積雨雲快速發展的時候，內部會出現特別強勁的上升氣流，這股氣流足以稍微衝破積雨雲的頂點（砧狀雲的頂部），但立刻又會被壓回原處，這就是「過衝」現象。

過衝的英文為「Overshoot」，意思是「超出正常範圍」。我們利用蓮蓬頭在浴缸熱水裡製造鼓起的水流，正是在重現過衝現象。

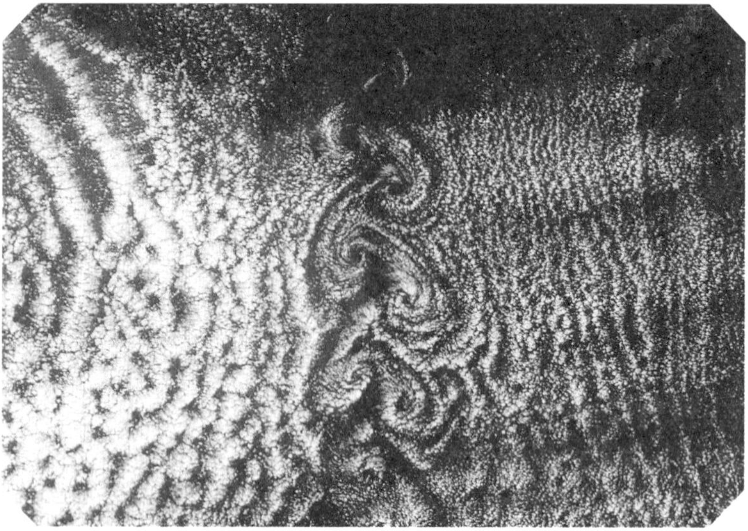

卡門渦旋

除此之外，此時的水面也會出現跟大氣重力波相同的「波動」。當浴缸裡的熱水因水流的過衝現象而上下浮動，水面上便會形成波紋。這種以過衝處為中心點，朝外圍環狀擴散的波動，即是一種重力波。

像颱風這類伴隨極強勁上升氣流的積雨雲頂部，也會出現大氣重力波，這與我們在浴缸裡看到的現象十分相似。浴缸內湧起的水波撞擊到壁面後產生反彈，然後再度回到內側。當多重水波交疊時只有一部分會變得特別高，請大家仔細觀察。

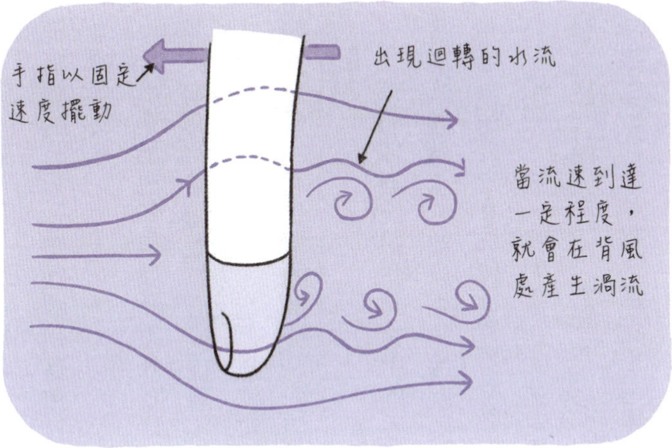
手指以固定速度擺動
出現迴轉的水流
當流速到達一定程度，就會在背風處產生渦流

卡門渦旋的原理

讓人興奮的卡門渦旋

接著我們換到洗臉台體驗大氣的流動吧。看到漩渦就會興奮不已的我最推薦的做法，是在洗臉台用熱水自製「漩渦」。

請大家先在洗臉台放好一盆熱水，用肥皂稍微加點泡沫。接著把手指垂直伸入浮著薄薄一層泡沫的水面，以固定速度左右直線移動，這時繞過手指頭的水流便會逐漸出現漩渦。這種現象就跟大氣往某個方向流動時，因為遇到島嶼等障礙物而迂迴前進，於是在背風處形成「卡門渦旋」是相同原理。

當日本呈現「西高東低」的冬季型氣壓分布，也就是西邊為高氣壓，東邊為低氣壓的時候，韓國濟州島和日本鹿兒島縣屋久島的背風處，有時便會出現這種卡門渦旋。

日本呈現冬季型氣壓分布時，歐亞大陸會朝日本吹來冷空氣，這股冷空氣就在日本海和東海上方形成雲層。而後又因為冷空氣的氣層比濟州島或屋久島的高山來得更低且更薄，它們無法跨越島嶼，只能迂迴前進，最後回流的氣流便在背風處形成左右對稱的渦流。一個渦流直徑就有二十至四十公里，在地表上比較難以辨識。

我們伸進洗臉台熱水中的手指頭就等於是濟州島和屋久島的作用。當手指伸入靜止的熱水，並以相同速度擺動時就會產生水流。水流後方相當於大氣裡的背風處，因此能在這個位置看到數個小漩渦出現。

順帶一提，我們常在吹強風的時候，聽到電線之類的物體發出「颼颼聲」。這種聲音稱為「風鳴聲」（Aeolian sound），名稱源自古希臘的風神埃俄羅斯（Aeolus）。其實，那就是電線背風處出現的卡門渦旋引起電線震動，因此產生的聲音。沒想到我們周遭早已有相同原理的渦流存在，流體力學真的很有趣呢。

漩渦可說是一種認識氣象的重要元素。

泡澡的時候，不妨好好觀察哪裡有出現漩渦，想像空氣是如何流動。但大家要特別注意，泡澡時很容易沉浸在氣象學的世界，一不小心就泡過頭，可別讓自己泡到頭暈腦脹囉。最後，洗完澡拔掉浴缸的塞子時，還能看見熱水流向排水孔而形成漩渦的樣子呢。

感受空氣的「流動」

我們雖看不見空氣，但空氣一直都在我們四周徘徊流轉。接下來，我想介紹幾個日常生活中，能夠體會到空氣流動的時刻。

從水龍頭發現積雨雲的下降氣流

大氣在不穩定的時候，天空會出現一種橫向延伸的筒狀雲。顏色既深沉又詭譎，上方看起來呈現弧狀，因此又名「弧狀雲」（Arcus cloud）。要特別留意的是，當弧狀雲經過的時候，必定會引發陣風（Gust）。

這種雲是從積雨雲衍生而來。由於積雨雲內部的固態水，也就是雪和霰會不斷地融化，使雨水持續蒸發。同時熱能在過程中被吸收，導致空氣變冷。而冷空氣又比周圍更重，於是在雲裡面產生下降氣流。不僅如此，雨水、霰或雹也會把空氣往下拉（荷重作用／Loading），冰冷的下降氣流也因此增強。

弧狀雲

下降氣流到達地面時，會產生名為「下暴流」（Downburst）的陣風，在它周圍噴發的冷空氣前緣則會出現小型鋒面，叫做「陣風鋒面」（Gust Front）。沿著陣風鋒面前端抬升的空氣會先形成雲，待通過前端，空氣開始下降，雲也就跟著消失了。

弧狀雲就是依這種原理沿著陣風鋒面形成的。

積雨雲的下降氣流是形成弧狀雲的關鍵。而其實那種「被向下拖拉的感覺」，類似於我們扭開水龍頭洗手時瞬間的感受。

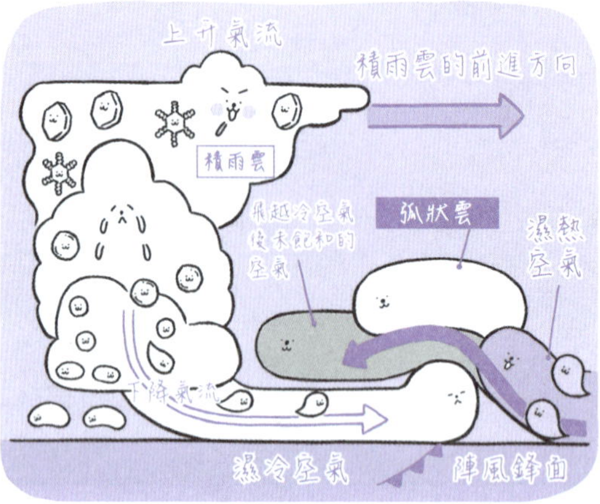

弧狀雲形成的原理

請試著回想或實際操作看看，當我們扭開水龍頭，用手輕輕碰觸瞬間湧出的水流時，會感覺到手彷彿被水的壓力往下拉扯。這和空氣在積雨雲裡被向下拉的現象是一樣的。

我們還可以進一步想像，每當我們將手洗乾淨時總覺得有一股清涼感，其實這也跟剛下過雨的空氣中充滿清新感是相同的原理。

積雨雲中溶解的雪、霰，以及蒸發的雨水，都會導致雲裡的空氣溫度降低。此外，雨水落到地表蒸發之後也會吸收熱能，空氣也就跟著變冷了。

站在建築物角落感受迷人的渦流

氣流形成的「渦流」會不斷出現和消失。我們身邊常見的建築物角落就有這種時而出現、時而不見的氣旋。

當風吹到建築物內部類似角落的地方，風就會沿著建築物的形狀產生渦流。假如剛好有枯葉、花瓣、塑膠袋之類的東西掉在那裡，它們就會跟著不停旋轉，使我們更容易辨識氣旋的模樣。

看到這種渦流出現，我這個「渦流迷」就會很想踏進去。倘若風速沒有太大的變化，在建築物角落形成的渦流可以持續一段時間，堪稱是絕佳「渦流觀察區」。一腳踏進氣旋中央，心中對渦流的愛彷彿都得到滿足了。若能進入捲起落葉的渦流中心，說不定還能拍到彷彿魔法師般的影片呢。

在學校操場等地方，地面經過陽光照射升溫後，也會形成挾帶塵土的「旋風」（或稱塵捲風）。因風的碰撞等因素在地面形成的微弱渦流，若遇到地表升溫而飄升的空氣，渦流就會被這股上升氣流拉長，變成縱長型快速迴轉的旋風。

請大家回想一下花式滑冰選手的旋轉動作。當選手張開手臂的時候，他們的身體旋轉得比較慢，一旦把手縮到胸前身體面積縮小，旋轉速度就會瞬間加快。

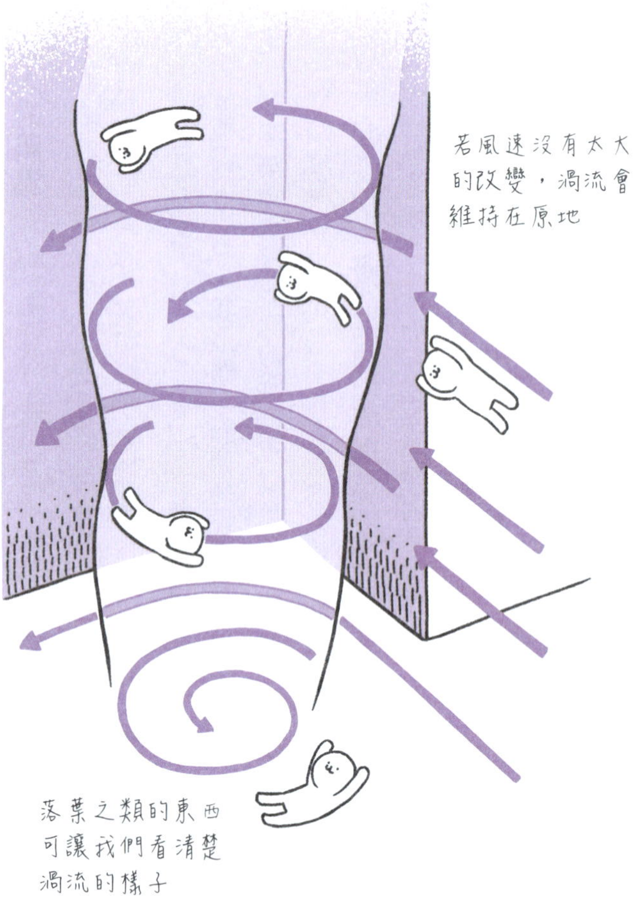

出現在建築物角落的渦流原理

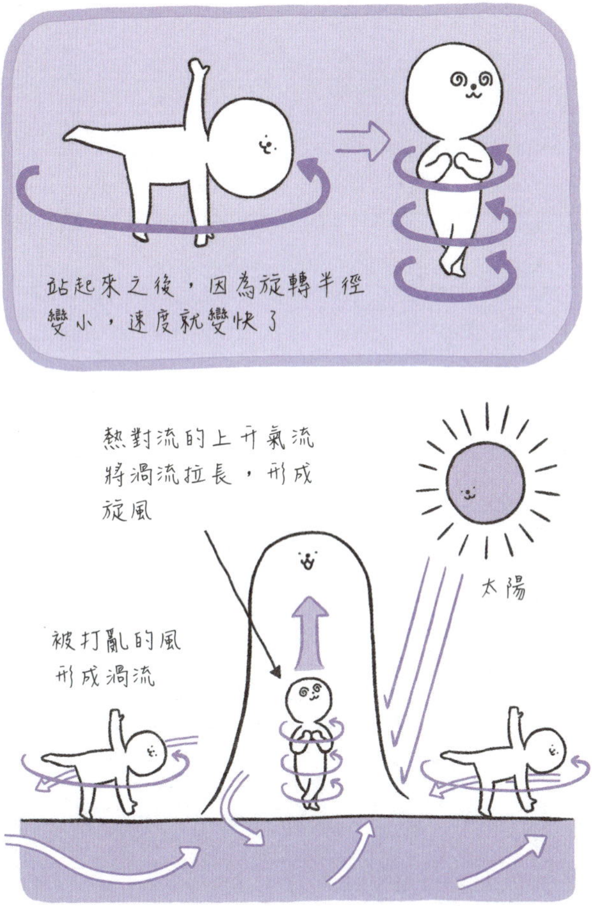

花式滑冰的旋轉動作和旋風的原理

這是因為旋轉半徑越小，旋轉速度就會變快（角動量守恆定律）。同理，渦流被向上拉長之後，旋轉半徑變小，便形成快速旋轉的旋風。挾帶沙土劇烈轉動的旋風很危險，請千萬不要進到那裡面。

用咖啡來品味聖嬰現象和積雨雲

天空中發生的小劇場，其實在日常生活中也很容易看到。每當我看見和大氣中的氣流很相似的現象時，就會忍不住一陣歡喜，或許這就是氣象學家的天性吧。

熱咖啡裡的漩渦

我們平常餐後所喝的熱咖啡也隱藏著氣象學的樂趣。請拿起小湯匙，攪拌杯中的咖啡，再把牛奶加進去看看。

倒入杯中的牛奶將咖啡的流動化為可見，裡頭的漩渦也能夠清楚呈現。這種現象的原理跟地球上空出現的渦流類似。現在，仔細觀察杯裡液體的旋轉狀況。當我們倒入牛奶，杯壁附近的流速應該會變得比較慢。

原因是液體和杯子接觸的部分會產生摩擦，但杯子的中央並不會有摩擦，所以流速依然維持原樣。咖啡的漩渦就是基於這種內外側速度差異所形成的。此漩

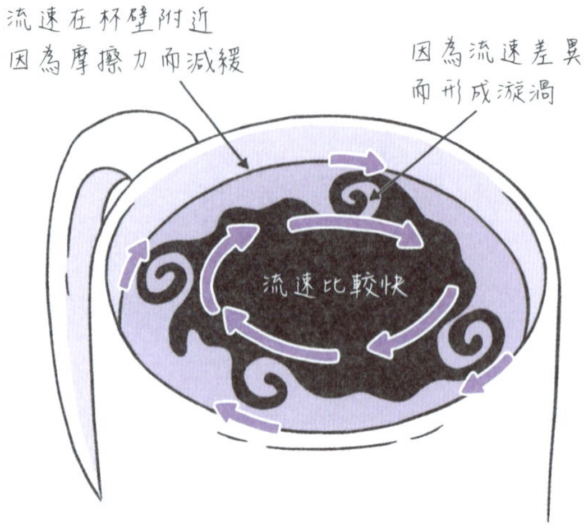
流速在杯壁附近
因為摩擦力而減緩
因為流速差異
而形成漩渦
流速比較快

熱咖啡與漩渦

渦原理是水平風切造成的「正壓不穩定」，而風切的英文「Shear」也有落差的意思。空氣中也是如此，當大氣環流因為流速差異而產生渦流時，就會形成「低氣壓」。

另一方面，牛奶倒進咖啡之後過一會兒，會看到杯子中央有一些由下往上湧動的咖啡，這個現象叫「艾克曼抽吸」，與造成聖嬰現象或反聖嬰現象原因之一的海流很相似。

遙想遠方的汪洋

所謂的聖嬰現象，是指從太平洋赤道區換日

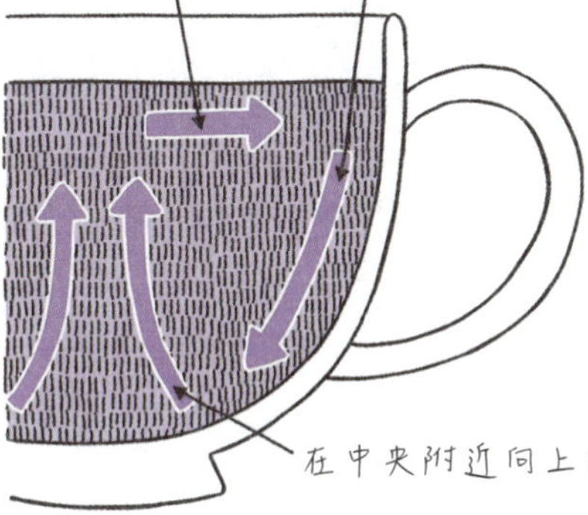
水從中央往
壁面流動
液體沿著杯壁
向下沉
在中央附近向上湧起

從咖啡杯的縱剖面觀察湧升流的原理

線附近到南美沿岸的海面水溫，長時間維持比往年還高的狀態。相反地，海面水溫若持續比往年來得低，就稱為反聖嬰現象。

反聖嬰現象發生時，赤道附近會吹起強勁的東風，導致南美沿岸的海水出現由下往上抬昇的湧升現象，也就是「艾克曼抽吸」。由於海洋深處的冰冷海水升高到海面附近，使得海面水溫隨之降低。

現在回到咖啡。我們用湯匙攪動時，咖啡沿著杯壁轉圈形成水流，帶動上層咖啡朝杯壁方向流動。咖啡受到壁面的摩擦，在下層產生另一股朝中央流動的水流，並在中心處往上湧起。

聖嬰和反聖嬰現象裡的「艾克曼抽吸」，即是在東風吹動海水，加上地球自轉影響，導致物體在北半球的前進方向出現垂直偏右的作用力（第二九八頁），且和摩擦力保持平衡時發生。此時海水的運動受到深度影響，出現了湧升的海流。

飲用熱咖啡時，不妨透過表面的漩渦體驗一下低氣壓的構造，並遙想遠方發生聖嬰現象的海洋狀態。聖嬰及反聖嬰現象的影響擴及全球氣候（第三四〇頁），你或許也能在小小咖啡杯裡，感受整個世界的天空變化呢。

冰咖啡和下暴流

我們也能利用冰咖啡感受天空中的大氣。

到超商或咖啡廳購買一杯裝在透明外帶杯或玻璃杯的冰咖啡後，請在靠近杯壁的位置倒入牛奶，從杯子側面仔細觀察看看。一開始，牛奶會朝著杯底慢慢下沉，到了接近底部時，卻忽然加快沉降速度，在觸底的瞬間向左右散開。

氣象學家看見這個畫面，腦中會聯想到什麼呢？你猜得沒錯，就是積雨雲的

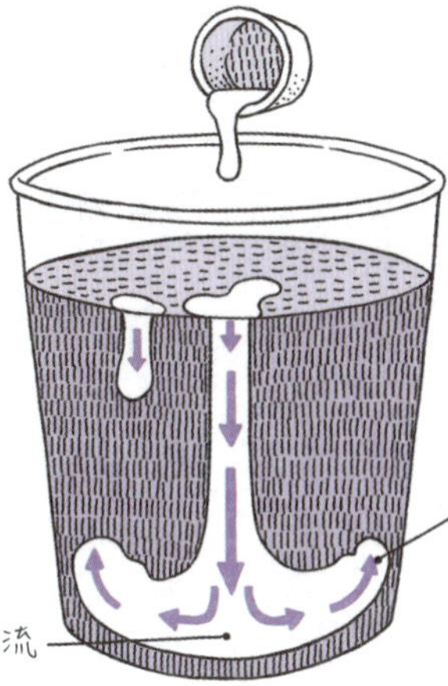
牛奶比咖啡還重，
所以會往下流
陣風鋒面
下暴流

冰咖啡和下暴流、陣風鋒面

下降氣流。積雨雲內部有又冷又重的下降氣流，這股氣流快到達地表時，便會帶來下暴流與陣風鋒面（第三二〇頁）。

冰咖啡的杯底也會出現這種陣風。當牛奶的下沉速度加快並抵達底部時，就會出現下暴流，而牛奶往四周擴散時則形成陣風鋒面。這是因為較重的牛奶將周圍的咖啡向上推擠所致。

有一次，我和同事正在喝冰咖啡。當我看著杯子高興地大喊「是下暴流！」同事笑說：「早就知道你會這樣說。」身為氣象研究員或愛好者肯定都會對此有所共鳴。親自做過實驗後，也會覺得相當有趣喔。

吃掉冰棒之前

如果要從身邊事物觀察氣象的物理現象，請千萬別錯過炎熱夏天時，清涼消暑的冰棒。

剛從包裝袋裡取出冰棒時，請先觀察冰棒的下半部。

圍繞冰棒的神祕白霧

你有沒有看到冰棒下面出現白煙般的「霧氣」飄降，然後一下子就消失了呢？其實，這個就是「雲」。

當冰棒周圍的空氣因冰棒的溫度而變冷，使原先空氣所含的水蒸氣超過飽和量，凝結形成水滴，最後就產生了雲。

偏重的冷空氣會下沉形成下降氣流，並在沉降時拖著雲滴一起向下，所以白霧也跟著向下流動。接著，它們又跟四周溫度偏高的乾燥空氣混合，在途中蒸發消失。

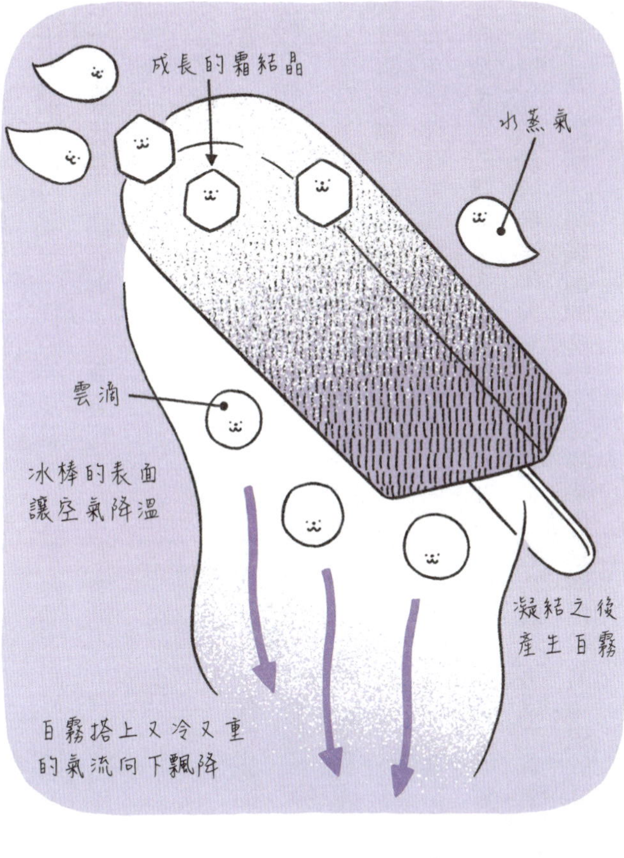

出現在冰棒上的雲和霜

這與層雲是同樣的原理，也是因為空氣變冷，造成水蒸氣凝結所致。貼近地表的層雲被歸類為「霧」。我們經常看見的霧是夜間下雨後因地表降溫產生的現象，到了早晨因為太陽照射，空氣互相混合而蒸發消失。這跟冰棒周圍出現的雲（白霧）是同樣的原理。

發現冰的結晶

看完了雲，接著把焦點轉到冰棒表面吧。冰棒剛從包裝袋中取出時，顏色看起來很鮮豔，可過了一陣子，冰棒整體就會變得偏向白色。這就是所謂的「霜」。

因空氣接觸到冰棒周圍會變冷，水蒸氣附著到冰棒表面變成冰晶之後，看起來就像白色。存在雲裡的冰和雪的結晶，也是源自相同原理（第二八二頁）。

此時冰棒上的霜並不大，不過，冰棒在冷凍保存期間產生的霜會大幅增長，可以清楚看見結晶的構造。大家剛拆開包裝袋的時候，可以先看看冰棒上是否有霜的結晶喔。觀察冰棒表面的過程，可說是近距離目擊高空中的雲內部所發生的一連串變化呢。

追逐海市蜃樓

名為海市蜃樓的幻影

「海市蜃樓」是我們日常生活中會看見的神祕氣象現象之一。

當兩個不同溫度的氣層交疊擴散，再經過光的折射，就會產生海市蜃樓的現象。由於光在冷空氣中的折射幅度比暖空氣大，兩個不同溫度的氣層相疊時，就會因折射率的差異而產生虛像。

蠟燭的燭火上方會出現一種景象搖曳的「陽炎」現象，那也是局部空氣溫度大幅改變的緣故。

海市蜃樓有好幾種，其中有三種最為人所知：第一種是發生在靠近地平線或水平線的地方，景象直接朝上方延伸的現象；第二種是景象顛倒並向上延展的「上蜃景」；第三種是景象顛倒但向下延展的「下蜃景」。

朝上延伸的上蜃景

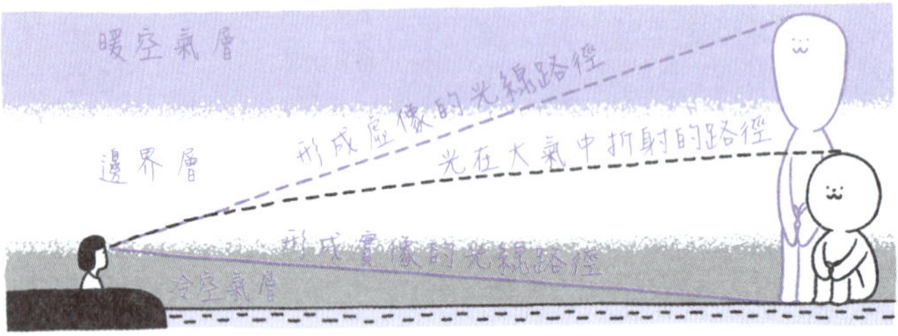

上方出現畫面反轉的上蜃景

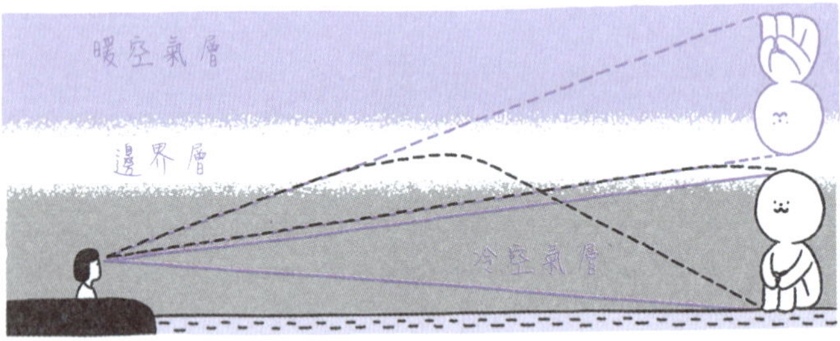

下方出現畫面反轉的下蜃景

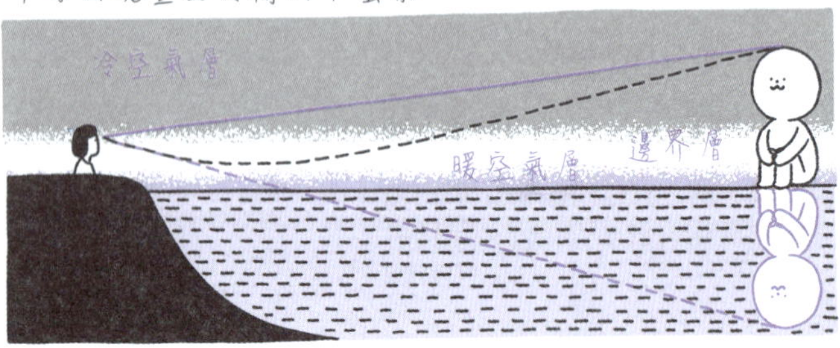

海市蜃樓的原理

日本伊勢灣的海市蜃樓
（由上往下：朝上方延伸的上蜃景、上方出現畫面反轉的上蜃景、下方出現畫面反轉的下蜃景）

左邊最下面的圖是在日本伊勢灣所拍到的下蜃景。畫面中與海相連的陸地，看起來就像一座漂浮的小島（浮島現象）。這是因為海面上的風景向下反轉，所以我們才覺得陸地好像浮在空中。

在冬季，相對溫暖的海面出現強勁冷空氣時，很容易發生此種現象。原本水溫穩定的海面附近會有一層暖空氣，一旦它的正上方形成另一個冷空氣層時，光線就會朝較冷的一方折射。原本應該要看到海的海面位置，結果卻出現上方景色朝下反轉的畫面。

另一方面，當靠近地面的空氣偏冷，上方又有暖空氣層時，遠方景色則會出現朝上方延展，或是畫面顛倒的上蜃景現象。

有些經常發生上蜃景現象的地方，甚至成為當地的觀光勝地。日本富山灣便是以此聞名。

珍貴的海市蜃樓

此地從三月下旬到六月上旬，當移動性高氣壓從日本東側離開，北方吹來弱風的晴朗白天很常出現海市蜃樓。富山縣魚津市有很多設施取名為「蜃氣樓」（海市蜃樓的日文）或「Mirage」（海市蜃樓的英文）。經田漁港到海市蜃樓樂園（Mirage Land）之間的海濱道路，甚至有一條名叫「海市蜃樓大道」的散步路線，縣內的魚津埋沒林博物館也有特別設置觀景台。

在伊勢灣也常有人看見上蜃景，但目前尚不清楚確切的觸發條件。位於伊勢灣的三重縣四日市市，有一種據傳始自江戶時代後期，名為「大入道」的機關人偶。這種機關人偶長得像巨大版的長頸妖怪，是縣指定有形民俗文化財。

「大入道」的身體是四點五公尺，可伸縮的脖子長度為二點七公尺，它站在高約兩公尺的山車上，全長約有九公尺高，是日本最大的機關人偶。關於大入道的由來有諸多說法，其中有人推測它的起源可能是伊勢灣的上蜃景。看那扭來扭去的脖子確實會讓人聯想到朝上延伸的海市蜃樓呢。

除此之外，熊本縣的八代海每逢農曆八月初一，會出現一種名叫「不知火」的神祕海市蜃樓現象。這種「怪火」是當地的習俗，因此八代海又被稱為不知火海。在農曆八月初一的凌晨一點至三點左右的退潮時間，海上漁船的燈火光源會被左右一分為二，或是在水平線上連成一直線，又或是上下分裂。這在晴朗又晝夜溫差大的情況下很容易發生，如果遇到下雨或刮強風的日子就不會出現。

雖說目前還不了解詳細發生條件，不過亮光往橫向延展，關鍵可能是水平方向的空氣之間有溫度差。比如說，冷空氣從山的方向流向暖空氣所在位置，導致光線在交界處產生折射——這或許也是一種對不知火成因的解釋。

順帶一提，《日本書紀》裡記載了一則軼事，內容是景行天皇在出巡九州期

逃水（馬路上的海市蜃樓）

間曾在八代海上迷失方向，最後循著遠方點亮的燈火才順利回到陸地。後來他詢問：「是誰點亮那些燈火？」結果竟沒有任何人知道，因此稱之為不知火。

路上出現「會逃跑的水」

大家可能覺得海市蜃樓是很特別的現象，其實這是一種常出現在我們身邊的情景。

你是否曾在晴朗的白天，四周明明沒有下過雨，卻在馬路前方疑似看見一灘水窪呢？在日文中將這種情景稱為「逃水」，是下蜃景的一種。

在白天，柏油路面被陽光照得發熱，此時路面正上方形成了被加溫的暖空氣層，但這層空氣的更上方並沒有那麼熱，於是產生劇烈的溫差。

受到這種溫差影響，「逃水」就會依照下蜃景的原理現身了。我們在路面邊緣看到類似水窪的景象，其實是馬路上的風景朝下反轉的畫面。這個水窪只出現在遠方的路面上，只要一靠近就會遠離。

因為水窪一直不斷地逃走，所以日文才把它稱為「逃水」。只要馬路跟上方空氣有溫差，無論哪個季節，都能在白天看到這種現象。

說不定大家都曾在不經意的時候看過海市蜃樓喔。

超基礎・雲的構造

雲究竟是什麼呢？

雲本質上是由無數水滴和冰晶組成的集合體。這些小水滴和冰晶聚集起來懸浮在空中，形成我們所見的雲。

雲的真正模樣

光具有波的性質，有波峰和波谷，兩個波峰之間的距離稱為「波長」。由於可見光的波長比雲滴還短，當光線照射到雲滴之後，任何色光都會朝四面八方散射，此現象稱為「米氏散射」。光線散射後，各種色光相互重疊，使雲看起來呈現白色。

高空的卷層雲外表是純白色，而許多位於低空的雲底部會呈現灰色。這是因為光線在雲中過度散射，反而使強度弱化了。

地球上有重力，照理說任何具有重量的物體都會受到重力拉扯而掉落，為什

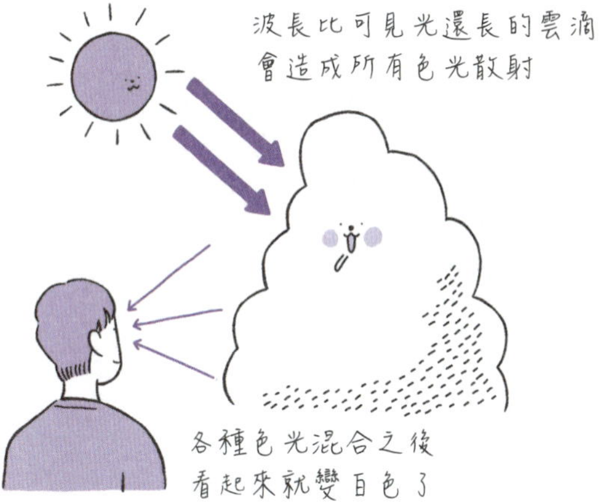
波長比可見光還長的雲滴
會造成所有色光散射
各種色光混合之後
看起來就變白色了

米氏散射原理

麼雲卻可以浮在空中呢？

典型的雲滴半徑約為零點零一公釐，非常小，粗細大概只有頭髮的五分之一。我們肉眼可見的雨滴半徑約一公釐，為自動鉛筆筆芯的四倍大，相比之下就能想像雲滴有多麼細小。

由於落下的雲滴所受到的重力和空氣阻力互相平衡，它會以固定速率沉降。這個速率稱為「終端速度」。

如果是標準大小的雲滴，其掉落的終端速度從一秒數公釐到數公分不等，相當緩慢。大氣中到處都有紊亂空氣引發的上升氣流，當這些氣流和終端速度兩兩相抵，雲滴就不會掉落

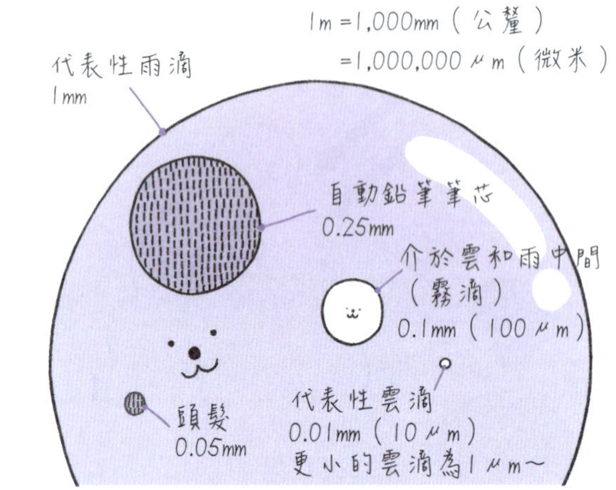

雲滴和雨滴的大小（半徑）

或掉落很慢，而一直懸浮在空中。

這就是雲能夠浮在半空的原因。

雲和水的關係

雲的組成成分是水滴以及冰晶，也就是水。

存在於大氣中的水會不斷改變型態。氣態的水蒸氣含有最多能量，接著從液態的水到固態的冰依序降低。如果水要從氣體凝結成液體，必須降低能量，而那些不需要的能量會轉變成熱能（潛熱）釋放出來。

同樣地，水從液態轉變為固態的冰同樣也要釋放潛熱。因此，雲形成的區域實際上會比周圍同樣高度的空氣來得溫暖一些。成熟的積雨雲內部會發生很多凝結作用，通常比周圍的溫度高出好幾度，這也會影響到颱風的發展（第三三一頁）。

反過來說，像是雪融化成雨，或是雨水蒸發，也就是水從固態轉化成液態或從液態轉化成氣態時，這過程中會吸收潛熱，導致氣溫下降。每當陣雨過後，我們總會覺得空氣很涼爽，其實就是這個原因。

雲是怎麼形成的

現在請擬人化的空氣塊——「氣塊君」來擔任解說員，向我們解釋「雲是怎麼形成」的吧。

溫度越高的空氣（氣塊君），可以容納更多的水蒸氣。氣塊君「很愛喝水」，喜歡喝水蒸氣喝到滿足為止，也就是濕度100％的「飽和」狀態。倘若水蒸氣未達飽和，氣塊君的濕度未達100％，那就是處於「未飽和」狀態。未飽和狀態的氣塊君會持續攝取水蒸氣，直到喝飽為止。

氣塊君飽和時會處於「平衡狀態」，表示水蒸氣進出氣塊君的速度相同。不過，

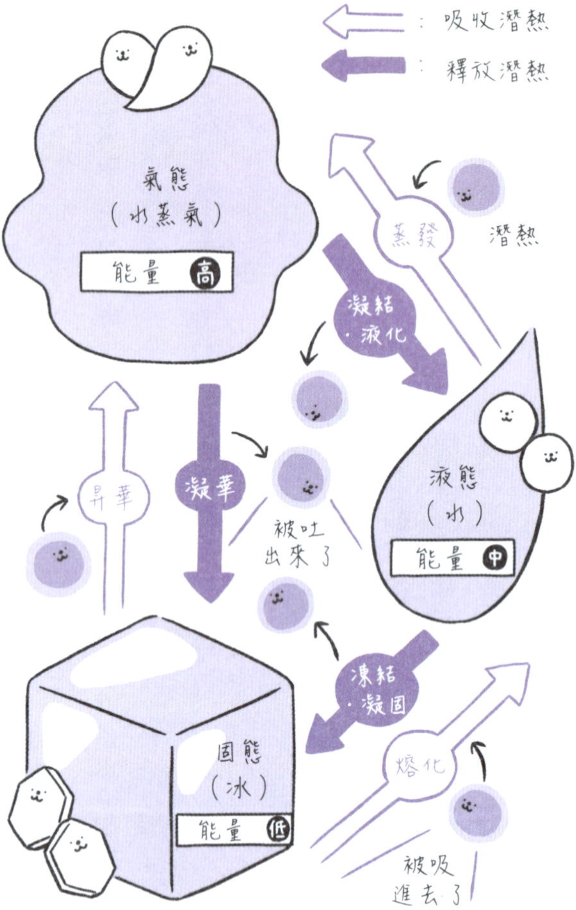
：吸收潛熱
：釋放潛熱
氣態
（水蒸氣）
能量 高
蒸發
潛熱
凝結・液化
液態
（水）
能量 中
昇華
凝華
被吐出來了
凍結・凝固
熔化
固態
（冰）
能量 低
被吸進去了

水的三態變化

若這種狀態失衡，使得水蒸氣過度進入空氣中，他便會變成「過飽和」狀態。濕度超過100％的情況或許很難想像，其實這在大氣裡很常見。

除此之外，顯示「可容納多少水蒸氣」的水蒸氣量條，在不同溫度的氣塊君身上也都不一樣。溫度越高的氣塊君能夠吸收更多水蒸氣，而低溫時卻不太會吸收。所以，原本含有大量水蒸氣的「濕熱空氣」若因某些緣故降溫，它便無法再維持原有的水蒸氣量，這些外溢的水最終就會轉變成雲。

導致空氣降溫的原因不可勝數，如輻射等現象都會削減熱能，但絕大多數的情況，往往是空氣本身上升後造成的「冷卻」。

洋芋片包裝袋與雲的關聯

你曾經有過爬山時帶著袋裝洋芋片的經驗嗎？從地面帶到山上的洋芋片包裝袋總會變得鼓鼓的。這是因為隨著高度上升，氣壓會下降，原先在地面時受到的擠壓力量減弱，因此袋內的空氣就膨脹起來。

所謂的「氣壓」，是指來自自己正上方所有空氣下壓的力量，因此越往高空前進，氣壓就會逐漸變低。

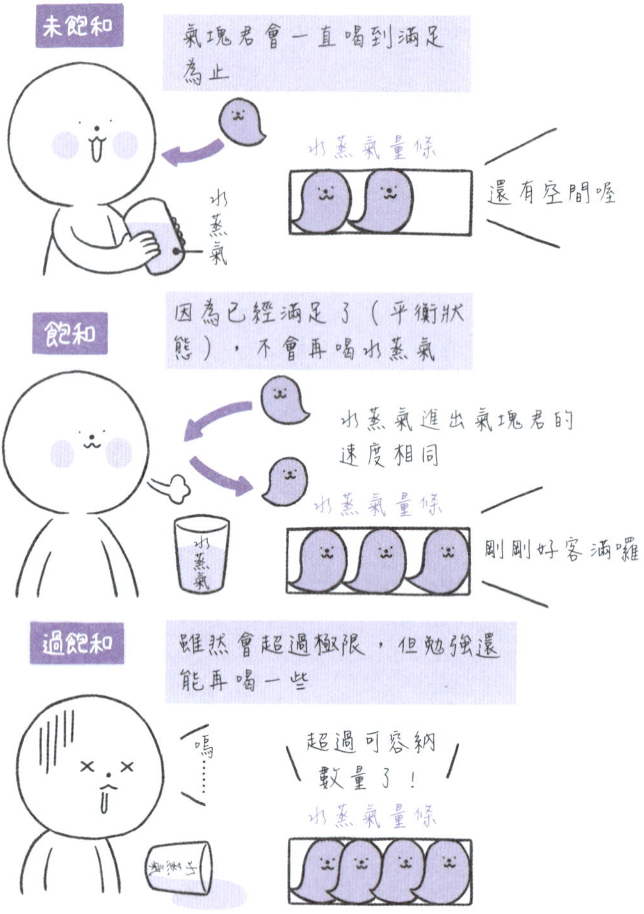

未飽和
氣塊君會一直喝到滿足為止
水蒸氣
水蒸氣量條
還有空間喔
飽和
因為已經滿足了（平衡狀態），不會再喝水蒸氣
水蒸氣進出氣塊君的速度相同
水蒸氣
水蒸氣量條
剛剛好客滿囉
過飽和
雖然會超過極限，但勉強還能再喝一些
嗚……
超過可容納數量了！
水蒸氣量條

飽和的原理

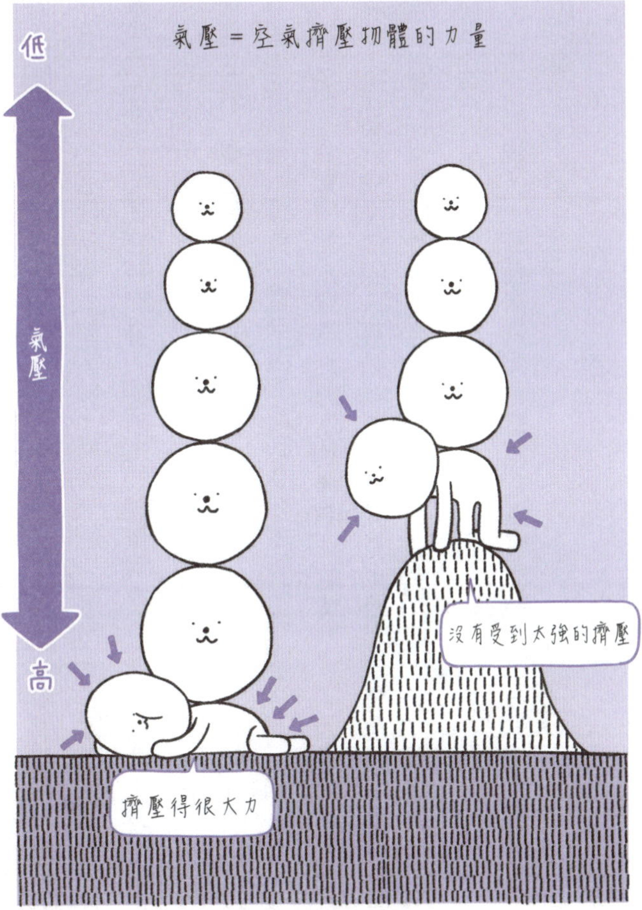

究竟何謂「氣壓」？

當上升氣流帶著空氣往上升高，周圍的壓力開始減弱，空氣本身就會膨脹變大。此時空氣需要能量，便將本身擁有的熱能轉換成所需能量，而失去部分熱能之後，空氣的溫度就會跟著變低。反過來說，空氣被下降氣流強迫往下拉的時候，漸漸增加的壓力使它被壓縮，被擠出的能量變成了熱能，於是空氣溫度就升高了。

若單純只有水存在，並無法形成雲，還需要大氣中的懸浮微粒——「氣膠」。前面說過，氣塊君在濕度100%時會達到飽和，但完全沒有氣膠的話，理論上氣塊君會繼續吸入水蒸氣，直到濕度達到400%才能夠形成雲。

然而，現實中並未觀測到濕度高達400%的情形，原因是大氣中含有豐富的氣膠，可作為形成雲滴的「凝結核」。假設有來自海洋飄起的海鹽等物質形成凝結核，濕度將達到稍微超過飽和值的100.1%。此時氣塊君無法再鎖住水蒸氣，只能將水吐出來，於是形成了雲。

換句話說，「雲是從氣塊君這個空氣容器所溢出的水」，而氣膠會影響其溢出的難易度。

飽和的氣塊君
覺得水蒸氣剛剛好。
好像還可以再多喝一點點。
濕度100%
沒有吃點心的時候
意外能夠喝很多，可以喝到比飽
和狀態多出數倍的量。
濕度400%
有吃一些普通點心的時候
喝到某個程度，水就會溢
出。
濕度101%
吃到容易變成雲的點心時
因為點心的效果，只喝一
些些就溢出水了。
濕度100.1%
點心
（作為凝結核
的氣膠）
成雲能力普通
的氣膠
成雲能力強
的氣膠

氣塊和凝結核的形成原理

我們可以利用身邊的物品做個簡單的實驗，來模擬上升膨脹的空氣變冷後，達到飽和並形成雲的原理。

我們只需要準備由柔軟材質製成、徒手就能壓扁的

簡易造雲法

五百毫升空寶特瓶，以及酒精消毒噴霧即可。

首先，往寶特瓶裡噴二至三下酒精，然後拴緊瓶蓋。接著，用雙手各自握住寶特瓶的蓋子處和底部用力扭轉。待扭轉到底之後，再突然放開一隻手，此時寶特瓶裡就會形成雲了。

使用酒精是因為它比一般的水更容易蒸發和凝結，能夠更快產生雲。扭轉寶特瓶時，裡頭的空氣被壓縮，使得溫度上升，所以會覺得寶特瓶變得溫溫的。這時候一下子放開手，寶特瓶的空氣瞬間膨脹，導致空氣降溫、變得飽和，最終產生了雲。

這個造雲實驗相當簡單，看到雲形成之後再打開寶特瓶蓋，捏扁瓶身，還能看到朦朧的雲從寶特瓶裡飄出來喔。大家用寶特瓶喝完飲料後，不妨試試看這個實驗。

	名稱	日文別名	高度
高雲族	卷雲	筋雲、羽根雲、白魚雲……	5～13km
	卷積雲	鰯雲、鱗雲……	
	卷層雲	薄雲、淡雲……	
中雲族	高積雲	羊雲、叢雲、斑雲	2～7km
	高層雲	朧雲	
	雨層雲	雨雲、雪雲	雲的底部（雲底）常位於下層，雲的上部（雲頂）約在6km處
低雲族	層積雲	畝雲、曇雲	低於2km
	層雲	霧雲	地表面附近～2km
	積雲	綿雲、入道雲（濃積雲）……	地表面附近～2km 濃積雲會超過這個高度
	積雨雲	雷雲……	有時雲的上部（雲頂）甚至會超過15km高

十種雲屬的名稱和所在高度

雲的名稱由來

從很久以前開始，人們就會抬頭觀察天空中的雲朵，並根據其所屬特徵替它們取名。大致上來說，雲可以分成十個種類（十種雲屬）。

首先雲可依據高度，分成高雲族、中雲族、低雲族。名稱中含有「卷」字的雲，例如卷雲、卷積雲、卷層雲，皆是隸屬高雲族。

高層雲、卷層雲、層積雲、層雲等等含有「層」字的雲則一如其名，具有橫向擴展以及壽命很長的特徵。

在這十種雲裡面，層雲的高度距離地

十種雲屬的特徵

表最近，當它和地面相接時就會被分類成霧。

帶有「積」字的積雲、積雨雲、高積雲、卷積雲等等，則是上升氣流相對強的雲，呈現層層相疊的型態，其中積雨雲可以成長到雲所能發展的極限高度。

一般會降雨或下雪的雲屬，日文名稱中都含有「亂」這個字，例如積雨雲的日文是積亂雲，雨層雲的日文是亂層雲。它們就如同其名，是會擾亂天氣的雲。從這些命名原則可以發現，雲的名稱所使用的文字都代表著雲各自的特徵，真的很有趣呢。

卷雲

卷積雲

卷層雲

高積雲

高層雲

雨層雲

層積雲

層雲

積雲

積雨雲

十種雲屬

雲的種類超過四百種

英國人路克・霍華德（Luke Howard，一七七二－一八六四）為世上首位對雲的形狀做出固定分類，並為之取名的人。霍華德是一位經營製藥公司的實業家，他對於氣象學的興趣相當投入。在一八〇二年，他以雲的形狀為基準，並參考植物分類的命名方式，以拉丁文替雲取名及分類。

我們現今使用的十種雲屬，也是以霍華德的分類為基礎發展而來。霍華德說：「就像人的表情會反應出內心和身體狀態，普遍會對大氣造成變化的因素也會連帶影響到雲。雲的狀態是呈現這一點的最佳指標。」我十分同意這說法。

每一種雲還另有俗稱或別名。在日本，文學家如正岡子規（一八六七－一九〇二）等常在各種作品中描述雲朵，並幫它們取名字。除此之外，氣象學家也會根據雲的物理特徵替雲命名。

日本人將卷雲另外稱為「筋雲」、「羽根雲」、「白魚雲」。卷積雲則又名「鰯雲」、「鱗雲」等和魚有關的名字。經常被誤以為是鱗雲的「羊雲」則是屬於高積雲。

雖然高積雲和卷積雲的外觀都是聚集成團，但每朵雲的大小並不一樣。大家可以朝著天空伸出手，然後立起食指。假如你的食指剛好能遮住一朵雲，那它們就是卷積雲；若是高積雲，寬度約為一到三根手指。

卷積雲和高積雲外貌相似，但兩者所在高度不同，因此大多可藉由遠近法來辨別。另外，也屬於低雲族的層積雲（日文又名曇雲），用手指比較時，寬度約為五至十根手指。

雲大致上被分類成「十屬」，不過實際上還有更精細的分類，也有以不同雲形發展關係為基準的分類方式，全部加起來超過四百種。雲的形狀會隨著天空的狀態不斷改變。明明是同一朵雲，過一會兒就變成完全不同的風貌。這種隨時間大幅改變型態的特色也是雲的魅力之一。

路克・霍華德

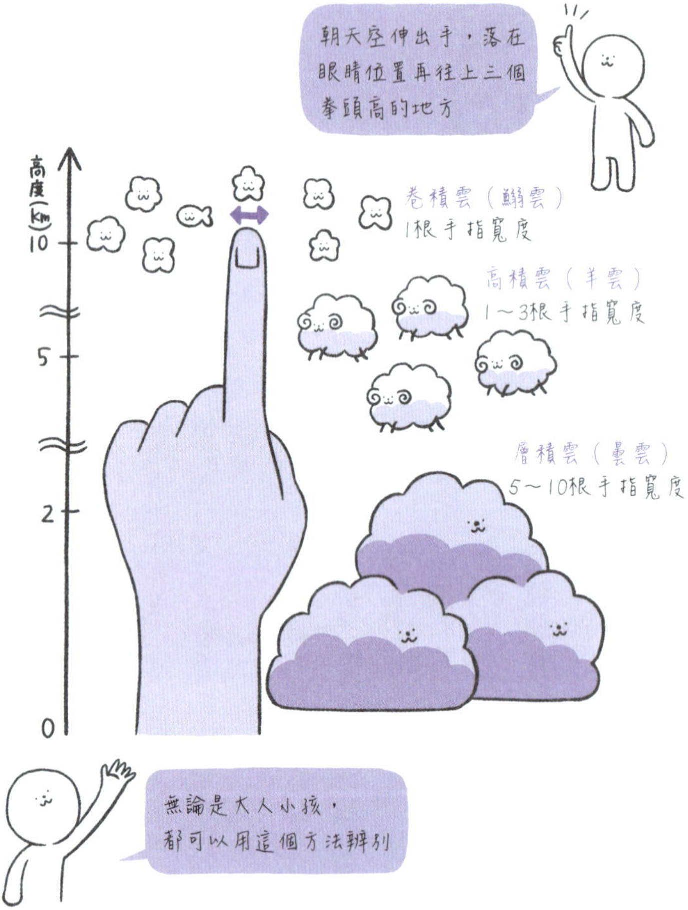

分辨卷積雲和高積雲的方法

孕育雲朵的地球天空

從低空到高空，每一種高度都有機會出現雲，那麼什麼樣的天空才能夠孕育出雲呢？

首先，我們要大致了解包圍著地球的大氣層。在大氣層中，從地表到數十公里處上空的部分稱為「對流層」，絕大多數的雲都是在此對流層中生成和發展。對流層上方是「平流層」，更上方還有「中氣層」與「增溫層」。在我們所處的對流層，越高處的地方氣溫越低，所以我們在山頂總會覺得寒冷。

平流層恰好與此相反，越往上氣溫越高，這是因為臭氧層吸收紫外線之後會釋放熱能。這層溫暖的高空氣層就像一個蓋子，使得上升的空氣無法超過這個邊界，因此平流層的空氣非常穩定，很難發展成雲。

從平流層進入更高的「中氣層」後，氣溫會暫時下降。進入更靠近太空的「增溫層」一時，又因為來自太空的電磁波釋放熱能，轉變成越往高處越熱的狀態。極光是在中氣層和增溫層之間的電離層中，由太陽發出的帶電粒子（電子或質子）與大氣分子碰撞時所產生的光芒。

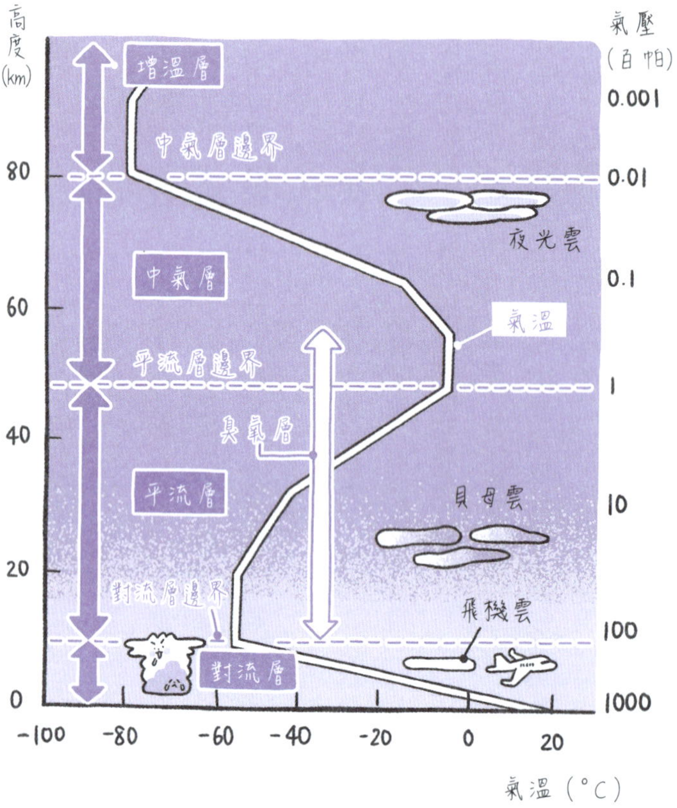
高度
(km)
增溫層
中氣層邊界
中氣層
平流層邊界
臭氧層
平流層
對流層邊界
對流層
氣溫
夜光雲
貝母雲
飛機雲
氣壓
(百帕)
0.001
0.01
0.1
1
10
100
1000
80
60
40
20
0
-100
-80
-60
-40
-20
0
20
氣溫 (°C)

大氣層

如前面所述，雖說雲大多存在於離地表最近的對流層，但更高的上空也有機會形成雲。

出現在遙遠高空的雲

在對流層上方的平流層中，會出現一種名為「貝母雲」的雲。這種雲出現在冬季高緯度地區上空二十至三十公里處，能在日出前或日落後的天空觀測到彩虹色的亮光。貝母雲有著美麗的彩虹色，宛如孕育珍珠的珠母貝內殼般，因而得名。它又稱為「極地平流層雲」，雖然外觀很優美，但據推測應和臭氧層破洞有關。

在更高空中氣層的上層，高度約七十五至八十五公里處，會出現另一種名為「夜光雲」的雲。正如其名，這種雲會在晚間發亮，能在夏季的高緯度地區於日出前或日落後的天色昏暗時段看見。夜光雲又名「極地中氣層雲」，外觀形似卷雲，帶有銀色或明亮的藍色光輝。

上述兩種雲很難在日本境內看到，但在火箭升空時有機會看見夜光雲。火箭發射時排放的煙霧等物質會成為凝結核，在中氣層形成雲。只不過白天的天色太

火箭雲

亮很難看見，如果是在天色較暗的日出前或日落後，位於地平線下方的太陽光照射在雲上，就能看到雲發出亮光。這種雲又稱「火箭雲」。在日本鹿兒島縣發射火箭時，若天氣晴朗又符合觀測條件，那麼從沖繩到關東一帶都能看見這種雲。

絕對穩定vs絕對不穩定

在「氣溫垂直遞減率」偏低的天空，氣溫不會明顯下降，就算飽和的氣塊君上升到這裡，周圍的氣溫仍舊比它高。正因如此，氣塊君上升到這個位置時，密度比周圍空氣還大，也比較重。因此，它會受到向下的力量作用，無法繼續上升，反而會回到原先的位置，這種現象稱為「絕對穩定」。

然而，在氣溫垂直遞減率偏高的天空，靠近地表的位置很熱，到了上空又變得很冷，即便是未飽和且乾燥的氣塊君也會自行不斷往上飄。這種現象稱為「絕對不穩定」。

這是由於周圍氣溫下降的速度，比隨著高度升高而降溫的氣塊君來得更快，氣塊君相對比較溫熱。換句話說，氣塊君的密度更小更輕，因此可以憑自身力量往上飄升。

「大氣非常不穩定」是什麼意思？

介於絕對穩定和絕對不穩定之間的狀態，稱為「條件性不穩定」。在這種狀態下，未飽和且乾燥的氣塊君即使受力上升也會回到原來的位置，但是當氣塊君處於飽和狀態時，上升後因為本身比周圍還溫暖，所以能靠自身力量繼續升高。一般的大氣環境大多屬於這種「條件性不穩定」。

絕對不穩定、條件性不穩定、絕對穩定

天氣預報中提到的「大氣非常不穩定」，指的正是這種「條件性不穩定」增強的情況。當此種不穩定狀態符合某些條件時，就會有利於積雨雲形成及發展。

其一的條件是「有溫暖潮濕的空氣流入低空」：當溫暖潮濕的空氣流入地表附近的低空區域，空氣只需要微微抬升就會自動持續升高，然後形成濃積雲或積雨雲。

第二個條件是「冷空氣流入上空」，這也會增強不穩定的狀態。此時越往上空氣溫越低，擴大了與地表之間的溫差，氣塊君能夠上升的極限高度也跟著升高——也就是說，積雨雲變得更好發展了。

大氣環境若同時符合上述兩種條件，便會形成「大氣非常不穩定」的情況。此時的天氣容易出現劇烈變化，比如積雨雲帶來的大雨，或是大規模閃電。

促成積雨雲的上升氣流

大氣的狀態是由上空的氣溫和水蒸氣分布來決定，但僅僅是大氣不穩定並不足以形成積雨雲，還得加上能抬升下方空氣的「上升氣流」才行。

促成上升氣流的原因有很多種。

一種是受日照影響的上升氣流。當地面經過太陽照射變熱時，與地面接觸的空氣溫度上升，比周圍溫度還高的空氣上升後便會產生上升氣流，繼而形成雲。這種因熱對流產生的上升氣流，對於在低空形成積雲很有幫助，但僅有如此的話，不一定會繼續發展成積雨雲。

空氣因鋒面而抬升、風的碰撞（輻合）、低氣壓等情況，容易產生強烈上升氣流。空氣順著山坡面抬升時，也會形成上升氣流和雲。這個時候，若再加上不穩定的大氣狀態，就有可能發展出積雨雲。

換言之，基於各種不同因素產生的上升氣流，遇到「大氣不穩定」時，積雨雲才有可能形成和進一步發展。

另一方面，層雲類的雲在空氣飽和時很容易形成。有一些層雲的形成是因為空氣冷卻或是水蒸氣增加；有一些則會出現在暖鋒這類有大範圍緩慢上升氣流存在的地方。當高空出現卷層雲或高層雲並逐漸擴展後，會再轉變成積雨雲，並降下雨水。

六百萬噸的水

積雨雲是典型會帶來氣象災害的雲屬，像是部分地區出現的「雷陣雨」或是「局部豪雨」等。積雨雲又稱雷雨雲，是雲屬中唯一有伴隨雷電的雲，會引發致災性的落雷。不僅如此，它還會帶來像龍捲風的陣風，或是降下冰雹，對農作物、溫室、車輛和人類造成危害。

積雨雲是一種會引起各種災害的雲。

我們先來分析一下積雨雲的特徵。積雨雲雖然被歸類在低雲族，但是它能夠一直發展到雲能夠形成的最高處，因此雲頂（雲的上端）通常會位於大氣上層。當大氣狀態非常不穩定時，它能夠延展到介於對流層和平流層之間的對流層邊界，夏季更可長高到超過十五公里。巨大的積雨雲甚至能從兩百公里外的地方看見。

根據研究指出，巨大的積雨雲含有約六百萬噸的水，相當於一萬座二十五公尺泳道的游泳池，或是五座東京巨蛋的容量。如此龐大的水量甚至能媲美一座小湖泊或沼澤的儲水量，實在非常驚人。也難怪積雨雲發展到一定程度後，就會下起傾盆大雨。

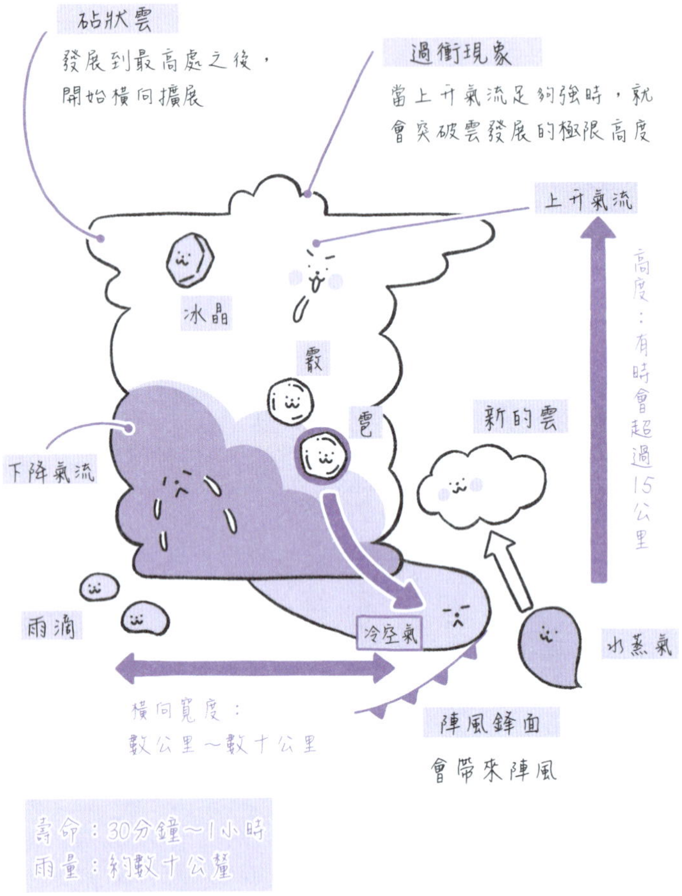
砧狀雲
發展到最高處之後，
開始橫向擴展
過衝現象
當上升氣流足夠強時，就
會突破雲發展的極限高度
上升氣流
高度：有時會超過15公里
冰晶
霰
雹
新的雲
下降氣流
雨滴
冷空氣
水蒸氣
橫向寬度：
數公里～數十公里
陣風鋒面
會帶來陣風
壽命：30分鐘～1小時
雨量：約數十公釐

積雨雲的構造

一般而言，積雲經過發展會變成濃積雲，然後再成長為積雨雲。積雨雲發展到雲能夠抵達的最頂端時，就會形成「砧狀雲」。

當濃積雲開始出現閃電，或是雲的上部有類似髮絲的纖維狀構造時，就會歸類到積雨雲。濃積雲會不停升高，即使位在低於冰點的高空也能保持液態的過冷水滴（第二二四頁）。然而一旦它發展成積雨雲，雲的上部便會迅速從水滴轉為冰晶，這些冰的結晶被高空的風一吹，就成了蓬鬆的纖維狀雲朵。

積雨雲成長到最盛期時，會在砧狀雲的上方產生過衝現象。這團向上凸起的部分稱為「過衝雲頂」，是積雨雲的中心點，也是上升氣流最強勁的位置。

濃積雲和砧狀雲

在大氣狀態不穩定並存在推升低空空氣的力量時，積雨雲就會形成並進一步發展。

當氣塊受到外力向上推送，使得溫暖潮濕的空氣上升而膨脹，經過冷卻飽和後再形成雲。

這個時候，雲能夠生成的高度稱為「舉升凝結高度」，積雲和濃積雲平坦的底部可說是將「舉升凝結高度」化為肉眼可見。如果上升的空氣越潮濕，雲的底部就相對偏低。

此時，持續升高的空氣溫度若比周圍氣溫更高，即使沒有外力幫助，氣塊也會自動上升，這個高度稱為「自由對流高度」。

假如上空有冷空氣進入，積雨雲能夠發展的極限高度——「平衡高度」將會升高，使積雨雲更容易繼續擴大。

積雨雲達到平衡高度並形成砧狀雲以後，雲內部的降水粒子會進一步成長，產生下降氣流。這種積雨雲處於成熟期，同時存在上升氣流和下降氣流。接下來，當霰、雹或雨水落下時，粒子出於荷重作用會將空氣往下拉，增強下降氣流，並因此抵消上升氣流，導致積雨雲開始衰弱。

下降氣流抵達地面後，產生了陣風鋒面向外擴散，將周圍的暖濕空氣向上舉升，然後再次形成及發展出新的積雨雲。這種現象在大氣不穩定的夏季會頻繁發生，接連不斷地產生下一代的積雨雲。

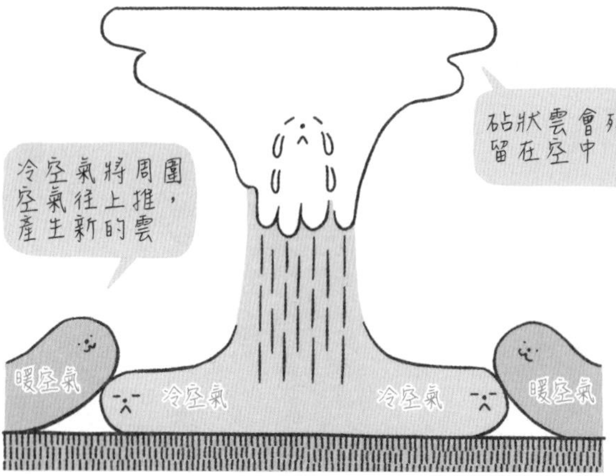
冷空氣將周圍空氣往上推，產生新的雲
砧狀雲會殘留在空中
暖空氣
冷空氣
冷空氣
暖空氣

衰退的積雨雲

衰退又再生的積雨雲

積雨雲從形成到衰退歷時只有三十分鐘至一小時左右，然後便戲劇化地自動消失。好不容易產生了上升氣流，最後卻被自己的下降氣流抵銷，好像有一點點自虐，並帶有某種人性象徵。

比如時下有些年輕人，在應該邁入成人階段時，卻拉長了猶豫、探索的時期，他們可能會不願意工作、逃避責任。經過旁人的吹捧，開始得意忘形地認為「我靠自己就能辦到任何事！」一直到他們升到某個程度之後，就開始產生負面能量，懷疑自己：「真的能一直順利走下去嗎……」結果不出所料，他們一遭遇挫折，就變得無法繼續前進，逐漸被負面情緒掌控而變得衰弱，認為自己再也撐不下去。

而且，更具人性且有趣的是，積雨雲在衰弱之後會培育後進，成為接替自己的下一代。

積雨雲從水蒸氣而生，最後又化為雨水落到地表。地表被雨淋濕之後，部分會蒸發，部分會流入海洋，又或者變成水蒸氣，循環到空中產生其它的雲。這樣的狀態，不禁讓人想起佛教和印度哲學中的「輪迴轉生」概念。

第2章

透過觀雲
欣賞天空之美

天空之城拉普達與龍之巢

我每天都在觀察天空，無論是看電視、電影或閱讀，總會特別注意作品裡的「氣象」元素。尤其吉卜力動畫電影中經常出現天空畫面，更令我對氣象的愛無法自拔。

欣賞動畫裡的雲

舉例來說，《天空之城》（原作、編劇、導演：宮崎駿／東映）即是一部饒富深度的作品。在劇中有一個讓觀眾印象深刻、名為「龍之巢」的巨大雲朵。龍之巢包圍著天空之城拉普達，會將試圖入侵的人擋在外圍，把他們吹走。主角巴魯和希達前往龍之巢的那一幕正是整部電影的高潮之一。

我從氣象學的角度研究「龍之巢」之後，認為它應該是名為「超大胞」的巨型積雨雲，本書後面將會為大家深入說明。

形似「龍之巢」的巨型積雨雲一角

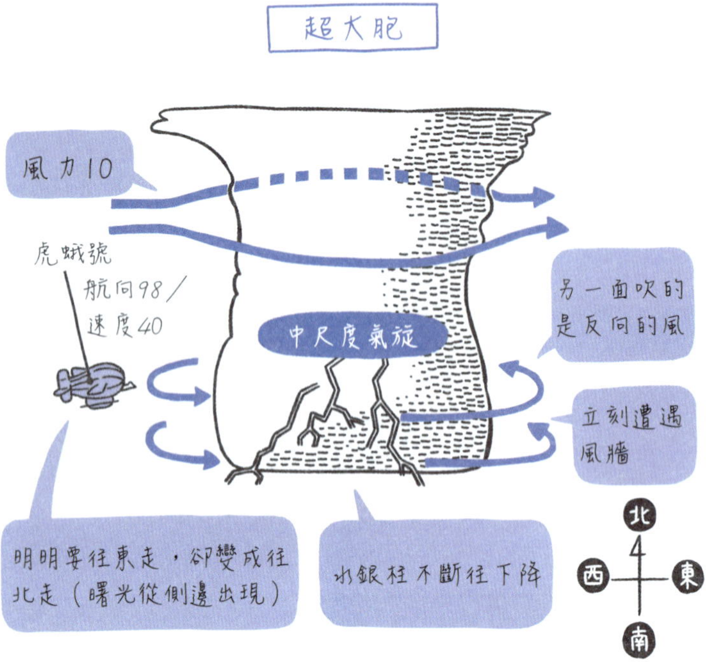
超大胞
風力10
虎蛾號
航向98／
速度40
中尺度氣旋
另一面吹的
是反向的風
立刻遭遇
風牆
明明要往東走，卻變成往
北走（曙光從側邊出現）
水銀柱不斷往下降
北
西
東
南

「龍之巢」的構造

「龍之巢」最大的特徵是「伴隨雷電」以及「雲層濃密且高聳」。僅憑這兩點，我們就能斷定它屬於積雨雲，但還有幾個值得注意的影像特徵和相關描述。

「龍之巢」的真正身分

在《天空之城》裡出現的「虎蛾號」飛船情景中，空中海賊朵拉曾提到「風力10」這個數字。據我推斷，這個數值應該是指風力的強弱分級「蒲福風級」。

「10級風」是暴風（Storm）等級，風速落在每秒24.5公尺至28.5公尺之間。

儘管劇情中並未提及風向，不過有提到「航向98，速度40」這一點，由此可知虎蛾號應是往東航行。此外，希達曾說「曙光在側邊」，表示他們雖然往東行進，卻因為某些氣流影響而不知不覺變成往北前進。再加上「水銀柱不斷下降」、「一直被拉近」等描述，假設虎蛾號一直維持在固定高度飛行，可以推測他們正在朝低氣壓中心前進。

當巴魯和希達駕駛類似滑翔機的機器脫離母船，前往偵查敵人動向時，他們遭遇了巨大的「龍之巢」。這時，劇中提及「出現反向的風」、「前面有一道風牆」

等台詞跟影像。虎蛾號原本是逆風飛行，他們忽然遭遇反向氣流，表示那是在「龍之巢」中心旋轉的低氣壓所引起的風。換句話說，這一幕暗示著積雨雲內部有小型低氣壓「中尺度氣旋」存在。

據此推斷，虎蛾號和巴魯等人駕駛的滑翔機遭遇了中尺度氣旋的逆時鐘環流，因而駛向超大胞的北側。

虎蛾號與巴魯他們的滑翔機進入「龍之巢」以後，出現了宛如龍身的閃電。倘若積雨雲內出現如此多閃電，代表其內部擁有大量霰或雹這類容易增加電荷的粒子（第一三五頁）。

不過，電影中並沒有出現劇烈雨勢。照理來說，霰、雹或是它們融化後帶來的雨水，應該會產生強降雨。既然影片中沒有看到，我們可推測「龍之巢」極有可能是典型「超大胞」或「低降雨超大胞」。

前述的探討並未將「龍之巢」中央晴朗無雲的狀況列入考量。像這種情況，通常會讓人想到颱風的「風眼」（第三三二頁）。然而，從雲在影片裡的大小來看，不太可能是颱風。一想到「龍之巢」隱藏的謎團，就會讓人產生無限遐想呢。

哆啦A夢與颱風

在電影《哆啦A夢：大雄與風之使者》（原作：藤子・F・不二雄／東寶）中有一位叫「小風」的角色，他是颱風的孩子。電影版和原作漫畫《哆啦A夢》（作者：藤子・F・不二雄／瓢蟲漫畫）裡的〈颱風之子——小風〉，雖然在角色設定上有部分出入，不過兩者都對氣象學有著相當有趣的描述。

首先，小風成長需要食用暖空氣，這部分符合現實的原理和描述。事實上，颱風確實是藉由海洋提供的熱能和水蒸氣進一步發展而成（第三三二頁）。

電影版和原作版的劇情高潮皆是小風迎戰兇惡的颱風，試圖平息暴風雨。在原作裡，他與超大型颱風相撞，並將之消滅。在電影版中，小風則是利用跟逆時針旋轉的敵對颱風相反方向的渦流，來消滅對方。

在現實生活的天空中，是不是也會發生類似的情況呢？其實，颱風或熱帶低氣壓彼此靠近時，它們會互相干擾，走向與平常不同的路線。提出這一點的是氣象學家藤原咲平（一八八四－一九五〇），因此這種現象便稱為「藤原效應」。

日本氣象廳對藤原效應的定義是：「當兩個以上的颱風在附近生成時，將會影響彼此的行進路線。」這時候，颱風便會出現相對低氣壓性的旋轉。

雖然在旋轉的狀態下颱風並不會相互碰撞，但仍會出現威力減弱的一方被另一個吞噬的現象。例如，二〇二二年出現的強颱軒嵐諾，即是吸收威力減弱的熱帶低氣壓雲系，因此變得更巨大。

《哆啦A夢：大雄與風之使者》是一部感人熱淚的電影。在大雄感受到風吹，說出「小風永遠都在我身邊」這句台詞時，也暗示著地球上的水一直都在改變型態、不斷循環的道理。

每當影視作品有雲出現，我就會忍不住以氣象學家的觀點進行分析。通常我都要重複看過好幾遍，等到徹底分析完之後，才能好好地欣賞作品。

麵包超人與花粉光環

前一陣子，我看了動畫《麵包超人》（原作：柳瀨嵩／日本電視台）。畫面裡的太陽不停出現類似「花粉光環」（第一六五頁）的彩虹色，令我很好奇。眼看天空都沒有雲，卻出現了光環，那只有可能是杉樹花粉等因素造成的花粉光環。

我一邊觀賞劇情，一邊擔心著麵包超人他們會不會因此得到花粉症。

從氣象學角度分析作品，能夠從不同的觀點享受作品帶來的樂趣。譬如漫畫《鬼滅之刃》（吾峠呼世晴／集英社）裡頭也有不少和氣象有直接關聯的招式名稱。如果對這些用語有相關背景知識，觀看戰鬥場面時感受也會有所不同。

生活周遭有許多作品是以氣象為主題，若了解更多相關知識，每次欣賞時都會有不同的體會，這可是一件好事呢！

解讀雲的本質

雲所傳達的天空狀態

雲會將天空的大氣狀態化為實際可見。

首先，當空氣飽和就會產生雲，由此可知，天空上有雲時，濕度是100%。

我們也可以從飛機後方出現的「飛機雲」來評估空氣的潮濕程度。假如空氣乾燥，天空並不會形成飛機雲，即使有機會形成，也很快就會消失。只有在天空中有潮濕空氣時，飛機雲才能長時間滯留，而停留超過十分鐘的飛機雲會被視為卷雲。

看見長時間停留的飛機雲，可以推測當下的天空十分潮濕。換言之，我們能猜到天氣可能會變差。當日本上空的「偏西風」從西方帶來鋒面或低氣壓，天空

中積雲（前）和濃積雲（後）

會先轉濕，接著雲層漸漸變厚，最後下起雨來，這表示「天氣將從西邊開始變差」。

除此之外，積雲的「膨脹程度」也會透露天空的狀態。若天空出現幾乎不會向上成長，只是膨脹成凹凸不平狀的「淡積雲」，代表大氣穩定，不會轉為壞天氣。

我們前面提到的「味噌湯的熱對流」（第二十三頁），是因為「下熱上冷」的溫差所致（瑞利貝納爾對流），而「淡積雲」也是在此種熱對流的上升氣流中產生的。

由於淡積雲上方有暖空氣，形成

了一道抑制雲成長的蓋子，所以淡積雲頂部呈現平坦狀。淡積雲會以約十分鐘的間隔不斷形成與消散，維持晴朗的穩定天氣，因此又稱為「晴天積雲」。

當大氣不穩定，雲有機會繼續發展，淡積雲就會長成頂部凹凸不平狀的「中積雲」，然後進一步變成「濃積雲」。假如濃積雲持續增大，變成雲頂有扁平「砧狀雲」的「積雨雲」，天氣可能會出現劇烈轉變。

若構成雲的粒子是水滴，雲看起來就會凹凸不平；如果是冰晶形成的雲，外表則大多呈現平滑狀。不過，也有部分的雲難以從外觀分辨。

分辨雲滴的方式

要辨別雲是由水還是冰組成，有以下幾個方法：

第一個是尋找彩雲。當太陽附近受到光照的雲朵呈現彩虹色，該朵雲就是由水形成的。這是因為彩雲的出現即源自水滴裡的光線繞射。

另一方面，看到暈或弧這類彩色光線時，我們可以判斷雲是由冰晶組成的。由冰晶產生的光學現象種類繁多，「光柱」就是其中之一。

光柱

光柱的英文是「Sun Pillar」。當天空有冷雲時，太陽就會出現上下延伸的光柱。很多人以為光柱只會出現在冬季，實際上即使是在夏季，只要上空的低溫大氣中出現冷雲，就有機會形成光柱。尤其是太陽高度偏低的早晨或傍晚，特別容易看見。

除此之外，夜空中出現許多光柱的畫面也經常引起話題。這是一種稱為「漁火光柱」的現象，其形成原因為漁船在夜間捕魚時，為了吸引魚群而點亮燈火，這些光變成了光源，經過冷雲反射之後，看起來就像一道道發光的柱子。

由前述可知，我們能夠從雲產生的光線，判斷它處於怎樣的狀態。雲自己會透過各種方式，教大家有關它們的知識呢。

表達氣流的雲朵

雲也會將天空不停變化的「氣流」化為可見，**Fluctus**（尚無確切中文譯名，在此以「波濤雲」稱呼）就是其中一個例子。

「波濤雲」上方的波浪形狀，就是具體呈現克耳文－亥姆霍茲不穩定性中，兩個密度不同的氣層（其中一個是雲層）之間出現風速差時，將產生波狀氣流的理論。

這種現象持續時間很短，很容易錯過，但我們可以從波峰傾斜的方向得知強風從何處吹來。

形似馬蹄的「馬蹄雲」也會傳達出大氣狀態。馬蹄雲經常出現在積雲快消失的時候。當內部同時擁有上升氣流和下降氣流的積雲即將消散，管狀的渦流（馬蹄渦）會留住殘雲，讓我們透過雲看見渦流的樣貌。

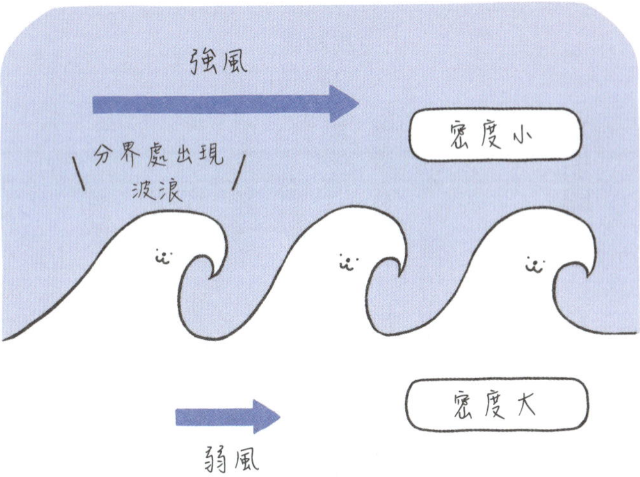

波濤雲（上）
克耳文—亥姆霍茲不穩定性的原理（下）

馬蹄雲

馬蹄雲是一種壽命短、很快就消失的雲，因此幸運看到的時候，建議大家趕快拍下照片。

我們也能從衛星雲圖上顯現的卡門渦旋或波濤雲等雲形，看出空氣流動的狀態。

雲是「大氣狀態」的代言人。只要接收它們持續發送出的訊號，藉此解讀大氣的情報，我們對天空的解析度就會變得更加清晰。

雲伯爵

日本曾有人嘗試解讀天空雲朵所傳遞的訊

寺田寅彥

阿部正直

息，他的名字叫阿部正直（一八九一－一九六六）。

阿部正直是出生於伯爵家的前貴族子弟。他進入舊制高中就讀前曾登上日本阿爾卑斯山，並用十七點五公釐底片相機拍攝雲朵，這時他還沒想到自己將投入雲的研究。

阿部八歲時跟著父親參加日本首次引進電影的發表會，此後他便對電影拍攝產生興趣，並為此深深著迷。正當他想透過電影手法拍攝自然現象時，物理學家寺田寅彥（一八七八－一九三五）便建議他：「去拍雲來做研究吧，這對立體攝影也有幫助。」

富士山的吊雲（左）和笠雲（右）

於是他決定聽從其建議。

隨後，他在靜岡縣御殿場自費成立「阿部雲氣流研究所」，開始研究富士山周邊的雲。他使用當時很昂貴的相機和底片，首次從多個方向對雲做立體拍攝，並同時以二十秒為間隔進行縮時攝影，觀測雲的時間和位置變化。

經過一年來持續觀察富士山常見的「笠雲」和「吊雲」，分析雲的形狀和形成原理，他最後在富士山發現二十種笠雲，以及十二種吊雲。

笠雲的形狀像是山頂戴著一頂斗笠，當潮濕空氣在富士山的斜坡面抬升和下降時就會出現。吊雲則是空氣越過山頂後，形成波浪狀氣流吹到背風處的上空，因此在距離山的不遠處形成有如懸吊在半空中的雲。

笠雲和吊雲都屬於「莢狀雲」，平滑的外觀代表上空有強風，是天氣轉壞的預兆。從雲和天空預測天氣變化的行為又稱為「觀天望氣」。在御殿場當地有一些俗諺說：「山頂戴斗笠，是雨之將臨。」、「朝東方斷斷續續出現的波浪斗笠，是風雨欲來的前兆。」經過阿部正直的研究，後人再透過統計分析後得知，日本海低氣壓的潮濕空氣從南方流入時，容易形成笠雲，接著冷鋒經過時，常常會伴隨猛烈風雨。

阿部正直在御殿場所進行的雲研究，在這部分具有相當重要的意義。

後來，日本氣象廳的前身——中央氣象台的台長藤原咲平邀請他加入，於是他便答應成為氣象台的一員。

在那之後，阿部正直也成為我現在所屬的氣象廳氣象研究所的首任所長。一想到我們首位所長是一位對雲充滿熱情的雲伯爵，心裡就覺得十分感動。

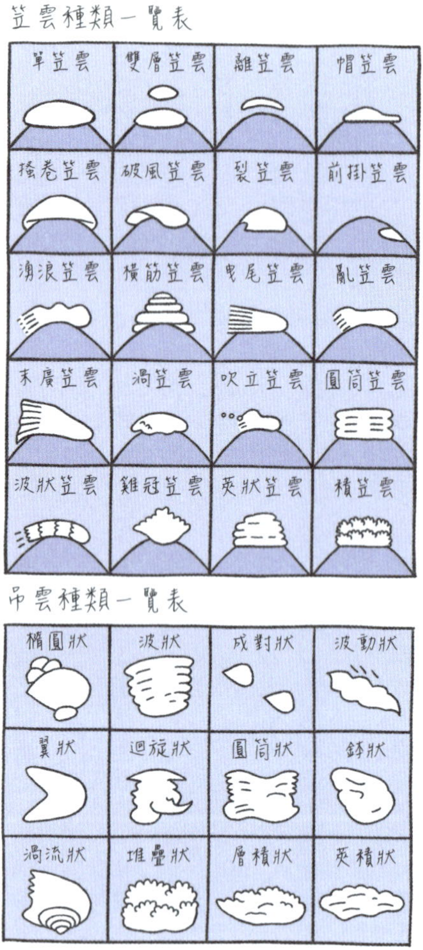
笠雲種類一覽表
單笠雲
雙層笠雲
離笠雲
帽笠雲
搔卷笠雲
破風笠雲
裂笠雲
前掛笠雲
湧浪笠雲
橫筋笠雲
曳尾笠雲
亂笠雲
末廣笠雲
渦笠雲
吹立笠雲
圓筒笠雲
波狀笠雲
雞冠笠雲
莢狀笠雲
積笠雲
吊雲種類一覽表
橢圓狀
波狀
成對狀
波動狀
翼狀
迴旋狀
圓筒狀
鉢狀
渦流狀
堆疊狀
層積狀
莢積狀

富士山的笠雲和吊雲種類

充滿個性的雲

天空中悠然綿延的飛機雲有幾個不同的成因。

最常見的是由飛機的引擎排氣所形成的飛機雲。由於飛機燃燒引擎所排出的氣體溫度極高，同時高空的空氣又極為低溫。在低於冰點超過二十度的空氣中，釋放三百至六百度的氣體時，高溫空氣便會急速冷卻。排氣中含有的粒子成為凝結核，因此形成冷雲。於是天空就出現和引擎數相同數量的飛機雲。

飛機雲的形態

此外，如果高空的空氣非常潮濕，飛機的機翼後方也有機會產生帶狀飛機雲。當飛機以極快速度航行，機翼後方會產生渦流。這個位置的氣壓會降低，導致此處空氣膨脹，溫度隨之下降，經飽和後遂形成了雲。由於這種飛機雲是由過冷的

飛機雲

有潮濕空氣時，引擎後方就會出現飛機雲
高溫的排氣急速冷卻後，形成了雲
如果空氣非常潮濕，機翼後方就會產生帶狀飛機雲
空氣因機翼後方的渦流而膨脹，形成冷雲

飛機雲的形成原理

水滴所產生，有時也會出現彩雲。

有時候，我們會覺得飛機雲好像在向上攀升，又或者是向下降落。

其實，「彷彿在攀升的飛機雲」是因為飛機由遠處朝自己所在方向飛來，而「彷彿逐漸降落的飛機雲」則是因為飛機從我們的所在位置往遠處飛離。明明飛機都維持在同樣高度飛行，卻會因為飛機是否逐漸靠近或遠離自己的視線方向，而產生不同的視覺感受。

我們偶爾也會在飛機的引擎後方，看見部分飛機雲出現螺旋狀。這是機翼附近的渦流碰到雲的緣故，表示高空的風勢紊亂。

在春季和秋季的早晨日出前出現的飛機雲，有時會劃出一道美麗的軌跡。

簡直就像「彗星」

當高空的大氣適度潮濕，這種飛機雲遠遠看去就像彗星一樣。據說有人真的誤會自己看見彗星，還特地向天文台確認呢。

在飛機行經之後，有時會出現一種「反飛機雲」現象。因為航線上的雲消失了，看起來就像是飛機貫穿雲層。造成這種現象有幾種情況，一是引擎排出的高溫氣體導致雲蒸發消失，或是飛機通過雲層時，雲和周圍的乾燥空氣混合而消散。另一種狀況是冰晶在過冷的水雲（卷積雲或高積雲）中成長，水滴因此蒸發了。

我們偶爾會在高空的卷層雲看見類似反飛機雲的深色線條，請試著在深色線條和太陽之間尋找飛機雲的蹤跡。假如沒有找到飛機雲，代表那條深色線條很有可能是反飛機雲。如果附近有飛機雲，那它就是飛機雲的影子。

飛機雲有很多種類和觀察法，大家要仔細欣賞喔。

經過燃燒生成的雲

飛機雲屬於人為因素產生的「人造雲」。而除了飛機雲以外，還有好幾種人造雲。

舉例來說，當低空大氣潮濕，我們會看見地表的大型工廠煙囪出現上升的煙團。這是高溫的煙隨著上升氣流而升空，煙霧裡的微粒變成凝結核所形成的雲。

與此原理相同，伴隨大規模燃燒田野、森林火災、火山爆發等熱源，雲也會

焚燒田野產生的火成雲

在局部地區形成，有時甚至會發展成濃積雲或積雨雲。由於熱源帶來上升氣流，煙粒變成凝結核並形成雲滴，最後便會出現「火成雲」。

不過，煙若是上升到乾燥氣層，那就不會形成雲。除此之外，即使空氣有一定潮濕程度而產生了雲，下方空氣仍需要上升到相當高的高空，才能夠變成濃積雲或積雨雲。換句話說，除非是大規模森林火災或火山爆發，否則不會形成帶來降雨的火成雲。

據說在一九四五年八月，廣島和長崎遭受原子彈轟炸後曾下過「黑雨」。以核彈等級的爆炸威力，必然會釋放大量的煙，加上強烈的上升氣流直達高空，確實可能形成帶來降雨的積雨雲。

所謂人工降雨或人工降雪，其實不是指「在空無一物的地方製造出雨或雪」。國外已實際運用「天氣改造」（Weather Modification）的方式，對含有足夠降雨量卻遲遲不下雨的雲施加一些刺激，稍微提升降水量。日本的東京都水道局也會在奧多摩町的小河內水壩實施這種造雨方式。很遺憾的是，目前我們還無法像科幻作品呈現的那樣，「替乾涸困頓的土地大幅增加降雨量」。

目前雖已有部分團體展開天氣改造的相關研究，但在研究進行的同時，除了技術上是否可行，針對倫理、法理、社會層面的探討也十分重要。我們不僅要考量如何減輕災害，也必須思考這些行為背後對氣象、氣候或大環境的影響，用心關注未來的發展。

瀑布、森林與雲

我們不只會在天空看見雲，有時候，也會在出乎意料的地方發現它們。舉例來說，瀑布所形成的「瀑成雲」就是其中之一。

瀑成雲

　大量的水隨著瀑布落下的時候，會將空氣向下拉扯，產生下降氣流。為了彌補被往下拉的空氣，旁邊就會出現逆向的上升氣流（補償氣流）。就像我們伸出單手，然後用另一隻手在些許間隔外快速上下擺動，這時掌心會感覺到一股微微向上的風，這就是所謂的補償氣流。

　當這些上升氣流捲起了瀑布潭的「水花（水滴）」，便會形成「瀑成雲」。由捲起的水花形成的雲，通常被歸類為層雲，不過上升氣流偏強的時候也有可能產生積雲。這在比較大型的瀑布或是水壩洩洪時都會發生。

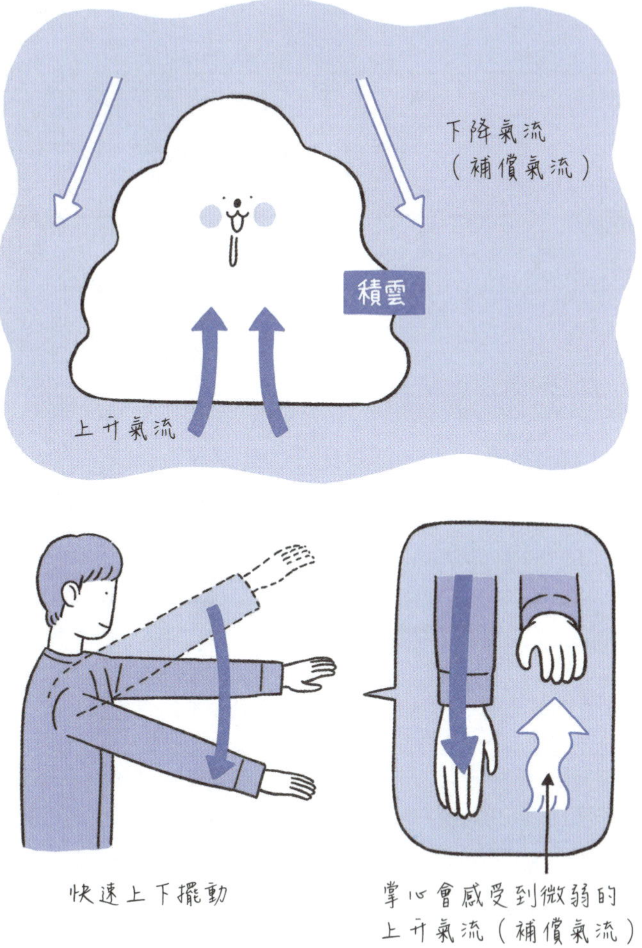
下降氣流
（補償氣流）
積雲
上升氣流
快速上下擺動
掌心會感受到微弱的
上升氣流（補償氣流）

補償氣流的原理

我們在剛下完雨的森林裡，也很容易遇到從林木間升起的「森林雲」。因為森林的樹木會藉由「蒸散」將水蒸氣排到空氣中（第二十九頁），對原本就很潮濕的地方，若再加入更多水蒸氣，空氣就會達到飽和並形成雲。此種雲在雲的十屬裡被歸類是層雲之一，外表看起來像霧的一部分。

如果你在綠意盎然的地方看見模糊出現的雲，也許它就是「森林雲」喔。

拍出美麗的天空

現代手機功能先進，每個人都能輕鬆拍出美麗的天空照片，我最推薦大家用「特寫鏡頭」來拍攝。以彩虹為例，彩虹通常出現在視野中的某個特定位置。

為美麗的天空拍攝特寫

我們看向天空的仰角稱為「視角」，從地平線的一端到反方向的另一端為180度。由於彩虹會以反日點為中心，在視角42度的位置以圓形出現（第一五一頁）。因此彩虹就跟影子一樣，我們永遠追不到彩虹腳下。但是，有了高倍率的特寫鏡頭，就能輕易捕捉到彩虹盡頭的模樣。

想要拍卷積雲或高積雲裡出現的彩雲，我們可以躲在建築物之類的地方，站在勉強遮住太陽的位置，就能拍出很漂亮的照片。不過，彩雲的範圍並不大，拉近並裁切彩虹色的一部分之後，可以得到像畫作般美麗的照片。

彩虹盡頭

用手機拍攝縮時影片

接下來我要介紹智慧型手機的「縮時攝影」。

這是一種低速連續拍攝功能，可以在固定時間間隔內連續拍攝照片，並剪接成一串影片。搭配在百圓商店就能買到的手機用三腳架，自己就能拍出雲和天空隨時間更迭的變化。

在晴天拍攝積雲是一種很棒的體驗。比如白天因地表升溫而產生熱對流，形成積雲，但高空卻出現隨西風而來的卷雲遮蔽了陽光，導致熱對流減弱，原本不斷壯大的雲突然間消失不見——現在用縮時攝影的功能，我們就能拍到這種自然科課堂可以用的影片教材。

透過縮時影片的畫面，可以清楚看見雲多變的模樣。用手機就能輕鬆拍出彷彿會出現在新海誠動畫作品中的天空，大家一定要試試看。

慢鏡頭攝影和閃電

現在要介紹的是智慧型手機的「慢鏡頭攝影」。最適合慢鏡頭攝影的對象非「閃電」莫屬。

所謂的閃電，指的是因雲和雲之間的放電（雲中放電），或是雲和地面之間的放電（雲對地放電），而產生光與聲音的現象，主要發生於積雨雲。在日文中，同時有光和聲音的放電現象稱為「雷電」，打雷的聲音稱為「雷鳴」，閃電的光則稱為「電光」或「稻妻」。我們透過慢鏡頭攝影，可以捕捉到轉瞬即逝的閃電細節。

在積雨雲裡面，冰晶經過互相碰撞後便會帶電，而夏季的閃電會形成「正、負、正」三種電極，導致電荷失衡。

電荷一旦因這種三極構造而彼此失衡，變得不穩定，積雨雲便會試圖中和這

閃電

樣的結構。它採取的辦法是讓中央部位帶有負電荷的降水粒子向下移動，與雲底部的正電荷中和。如此一來，原本「正、負、正」的結構，就會轉為「正、負」。

接著，雲底的負電荷會以「步進導閃」（Stepped leader）的方式，重複「前進與停止」的動作而出現分支，持續朝著地表面尋找電流的通道。

這個時候，地表面會積聚正電，串連起「電離通道」，使大量電荷流向雲層（回閃擊，Return stroke），接著雲又沿著同一條通路朝地上發出「突進梯狀導閃」。

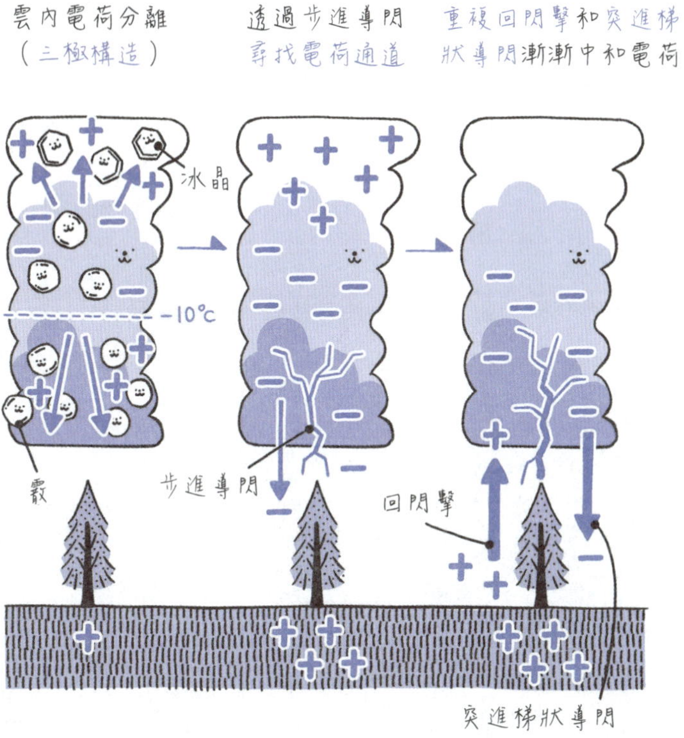
雲內電荷分離
（三極構造）
透過步進導閃
尋找電荷通道
重複回閃擊和突進梯
狀導閃漸漸中和電荷
冰晶
-10℃
霰
步進導閃
回閃擊
突進梯狀導閃

閃電的原理

回閃擊與突進梯狀導閃會在短時間內不停發生，慢慢中和雲裡的電荷。這就是夏天落雷的原理。

在閃電的放電型態裡，其實也有從地面朝空中釋放的類型。由於它的外觀看起來就像延展的樹枝，因此日文又稱之為「雷樹」。此種朝上放電的現象，經常在鐵塔之類的高處發生。「雷樹」在夏季出現的頻率大約只有百分之一，不過冬季卻很常見，尤其是冬天的日本海側地區，特別容易發生這個現象。大家上網搜尋「upward lightning」（上行雷），就能看見許多漂亮的雷樹圖片喔。

觀測氣象的樂趣

每一次落雷僅有零點五至一秒鐘，在如此短暫的時間內，電荷會在地表與雲層之間多次來回。儘管只有一瞬間，我們卻能透過慢鏡頭攝影觀察到整個過程。

當我把慢鏡頭攝影拍到的影片給研究閃電的同事看，他很驚訝這是用手機拍攝的，他似乎認為這只能用特殊相機的超級慢速鏡頭才能拍到。

觀察閃電的時候，可以利用簡單的數學計算出自身所在地和閃電的距離。光

愛心形狀的吊雲

速約為每秒三十萬公里，而音速約為每秒三百四十公尺。聲音每三秒約能前進一公里，將看到閃電到聽見雷鳴之間的秒數除以三，就能估算出自己距離落雷地點的大概距離（公里）。日本氣象廳官網的「雲雨動態」頁面會顯示閃電消息，可以藉此核對答案。提醒大家，觀測時務必要待在室內等安全地點喔。

觀測氣象最重視時機。觀看天空時，隨時都有機會遇到意外之喜。此時若有帶手機，就能記錄珍貴的瞬間。我也曾在網路看到網友上傳有趣形狀的雲，或是近距離拍攝到科學上相當珍貴的現象，真的很厲害呢。

療癒人心的景觀

有時我會用「#修復人心」（原日文：人間性の回復）這個標籤，在社群發布地球的朝霞或晚霞的照片。這些景象非常美麗，能夠療癒人疲憊的身心。

地球上的朝霞

由日本氣象廳的地球同步氣象衛星「向日葵號」所拍攝的照片，會同時發布在國立研究開發法人情報通信研究機構（NICT）的「向日葵號即時網頁」，並可瀏覽自二〇一五年七月之後的檔案。向日葵號位於赤道上空約三萬六千公里處，以和地球自轉相同的速度繞行地球，可以針對日本所在的北半球同一位置進行連續觀測。該網站每十分鐘更新一次氣象衛星拍攝的地球整體照片，每兩分半鐘更新一次日本附近的照片。使用者可以觀察到積雨雲急速發展的模樣、北海道的流冰動向，以及雲的走向。

修復人心

這些氣象衛星照片不只能看見雲的動態，也能清楚看到被雲化為可見的大氣重力波。這種從宇宙觀看地球的角度，就是所謂的「上帝視角」，無論是誰都能看見呢。

欣賞高解析度的天空

另一種氣象衛星——繞極軌道衛星的解析度比同步衛星來得更高。

和同步衛星相比，繞極軌道衛星的高度很低，它是在數百公里的高空，沿著通過南北極的軌道運行的衛星。雖然繞極軌道衛星一天只會經過同一

沙塵暴的模樣

個地方兩次，但它的高度較低，照片裡能看到更多細節。

如果有興趣的話，我推薦大家到美國國家航空暨太空總署（NASA）的「NASA Worldview」網站看看，上面可以找到各式各樣的檔案。

舉例來說，我們可以從照片看出氣膠或塵土的濃度。若選擇顯示熱源，就能看到工廠或是森林火災等熱源的位置。

雖然向日葵號也能提供人眼所見真實色彩的照片，但繞極軌道衛星的高解析度，甚至能讓我們看清楚燃燒處揚起的灰煙。

我們也能透過衛星照片看見所謂的「沙塵暴」。這是戈壁大沙漠或塔克拉瑪干沙漠上方發達的低氣壓帶來強風，將沙土捲到高空，再沿著偏西風吹到日本附近而形成的現象。我們還能看見大雨過後泥土隨著河川流入大海的樣子，或是冬季鄂霍次克海南下的流冰等等。

我的工作忙到需要熬夜的時候，經常無緣看見白日的天空。這個時候，從美麗的地球氣象衛星照片裡得到療癒，就是我的生活小確幸。「#修復人心」這個標籤一如字面的意思，是我維持精神健康的必要貼文。大家如果看見這個標籤，就知道我正在尋求心靈的慰藉。

從太空觀測頭頂的天空

當你偶然抬頭看向天空，發現了形狀很奇特的雲時，一定要到「向日葵號即時網頁」尋找那朵雲。

把發現雲的時間和地點放大查看，有時能讓我們了解那朵雲從何而來，又是如何演變成現在的形狀。也就是說，我們可以從太空的俯瞰視角來觀察雲。

仔細查看氣象衛星照片，也有機會遇見有趣的現象。比如「網友說關西出現了奇怪的雲……」，這時如果去調閱氣象衛星照片，可能就能解開謎團喔。透過這個方式，我們能從「地面」和「太空」兩個角度獲得天空的資訊，歡迎大家試試看。

第3章

欣賞彩虹、彩雲和月亮

與彩虹玩遊戲

雨後的天空，有時會掛著一道美麗的彩虹。想知道彩虹是如何形成，首先我們必須了解光的結構。

可見光的漸層

太陽一直都在不間斷地向地球傳送「電磁波」，而我們人眼可辨識波長的電磁波就稱為「可見光」。可見光依波長由短到長，依序是紫色、藍色、綠色、黃色、橙色、紅色。

一般來說，光都是直線前進，而光經過水面或不同密度的氣層時，則會產生彎折（折射）。這個時候，波長相異的可見光會出現不同的折射程度。波長越短，彎折角度越大；而波長越長，彎折角度較平緩。我們看到的顏色，就是從這些不同的折射中產生的。

彩虹

彩虹的顏色有幾個？

日本人常說的「七色彩虹」是在紫色與藍色之間多加了靛色。由我協助提供氣象資料的NHK晨間劇《歡迎回來百音》的主題曲，也是取名為〈七色〉。世界上第一位主張彩虹有七個顏色的人，是以發現「萬有引力定律」而聞名的艾薩克・牛頓（Isaac Newton，一六四二―一七二七）。

一六六六年，牛頓利用三稜鏡測試「太陽光如何色散」，結果發現，太陽光是由七個顏色所組成，而且各個顏色都有不同的折射角度。

牛頓的實驗

然而，並非全世界都認為彩虹有七個顏色。在不同地區、國家或文化裡，彩虹的顏色數量不盡相同。德國認為彩虹是五色（藍、綠、黃、橙、紅）；美國認為是六色；台灣普遍認為是七色，但也有部分族群文化認為是三色（紫、黃、紅）；部分的印尼人認為是四色（藍、綠、黃、紅）；非洲認為是八色（紫、靛、藍、綠、黃綠、黃、橙、紅）；南亞則聽說有些地區認為是兩色（黑、紅）。

彩虹並不會因為地區或國家而出現不同數量的顏色，其中差異主要是受到表現顏色的詞彙這類「文化因素」的影響。我個人習慣按照國立天文台編纂的《理科年表》，以六色來介紹彩虹。

在什麼地方能看見彩虹？

彩虹是一道圓弧狀的彩虹色光帶。

當我們背對太陽，自己的影子頂端正好與太陽呈現完全相反的位置（反日點）。彩虹會以此點為中心出現，這就是人眼看見彩虹的原理。在太陽高掛天空的時間，反日點會低於地平線，因此我們在地表上只能看見「彩虹」的上半部，並以為彩虹的模樣就像橋一樣。

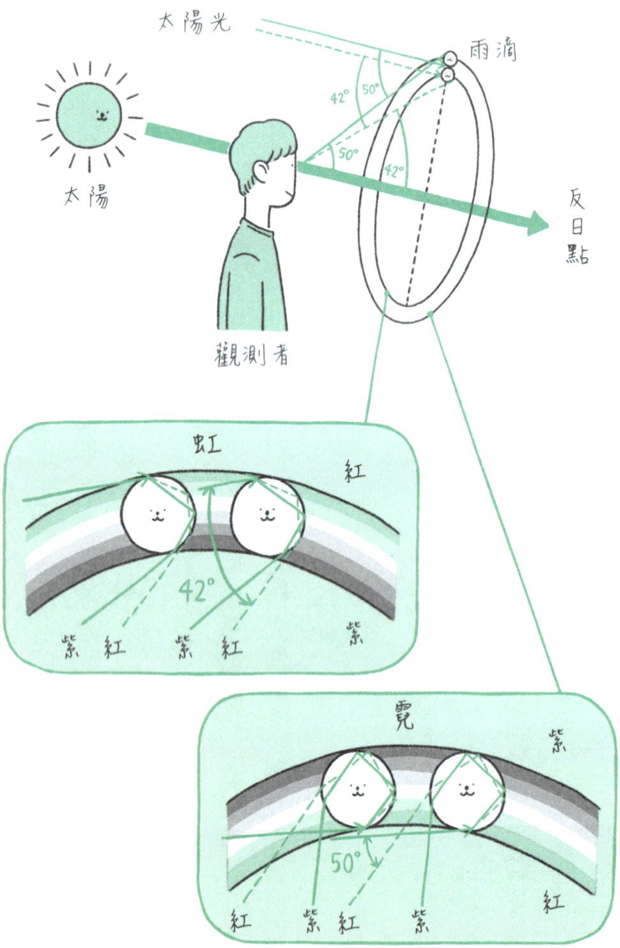

彩虹的原理

基於這個原理，彩虹的形狀會因太陽的高度而改變。正中午時間的太陽高度很高，圓形的彩虹只會在地表上露出最高處，所以我們會在低空看見彩虹。另外，在早晨與傍晚太陽高度偏低，比較接近地平線，因此彩虹的反日點也會剛好在地平線下，看到接近半圓的形狀。

彩虹出現的關鍵在於太陽對面的天空必須有降雨。當光線從上方進入雨滴，尤其是近似圓形的雨滴，光就會發生折射，並分離成彩虹色。經折射後的光會繼續在雨滴裡前進，並在內部進行反射，等到光線離開雨滴時，又會發生一次折射，更進一步分離成彩虹色。大氣中當然不只有一粒雨滴，經過無數雨滴和光彼此作用後，人眼接收到被分離的光，因此形成了彩虹。

我們看得最清晰的「虹」是以外紅內紫的順序排列，虹通常會出現在視角中反日點上方42度的位置。

偶爾，我們會看見同時出現兩道彩虹的「雙生彩虹」。這道在虹外側隱約可見的彩虹，稱為「霓（亦稱副虹）」。霓會出現在反日點上方50度的位置，顏色排列順序與虹相反。

太陽高度偏高時，出現在低空的彩虹（上圖）
太陽高度偏低時，出現近似半圓的彩虹（下圖）

這是因為在霓裡，光線進入雨滴的方向正好相反。虹的光線是由上進入雨滴，並由下方射出。霓的光線則是從下方射入，自上方離開。由於光經折射後分離成彩虹色的方向互相顛倒，因此兩道彩虹的顏色排列才會彼此相反。

除此之外，光線進入霓的雨滴時會發生兩次反射，強度容易變弱，因此和虹相比，霓看起來比較暗。在光線強、天空又沒有雲遮蔽時，比較有機會看見霓。假如天上有大範圍的卷層雲，太陽光並不強烈，人眼要看見霓相對比較困難，只能看到虹。

勒內・笛卡兒

光線通常會聚集在虹的內側及霓的外側，使得天空也顯得比周圍更明亮一些，但虹和霓之間的天空依然保持原本的亮度，相比之下就會偏暗。

此現象的發現者是羅馬帝國阿芙洛迪西亞斯的哲學家——亞歷山大（Alexander of Aphrodisias，西元二—

三世紀左右），因此被命名為「亞歷山大暗帶」。

古希臘哲學家亞里斯多德（Aristotle，西元前三八四—前三二二）透過觀察和分析，寫出《氣象匯論》一書，裡面記載了此類彩虹現象。此外，法國哲學家勒內·笛卡兒（René Descartes，一五九六—一六五〇），也曾在《方法論》這本著作中的〈氣象學〉裡討論過彩虹。他在書中分析彩虹的成因，把裝有水的玻璃試管當作水滴進行實驗，計算出虹和霓的視角。

去找彩虹吧

大家常以為要看到彩虹只能憑運氣，其實只要掌握一點點訣竅，就能自己找到彩虹喔。

首先很重要的一點，我們要把握早晨或傍晚，當太陽對面的天空正在下雨的時機。

如果聽到天氣預報說「大氣不穩定」，局部地區在早晨或傍晚會形成並發展出積雨雲，特別是有雷陣雨、陣雨，或是有晴空卻在下雨這一類的太陽雨時，正是看見彩虹的機會。

接著要注意的是「視角」。先記住虹會出現在反日點上方42度，霓則是在反日點上方50度，更有利於我們找到彩虹。當我們對著天空伸直手臂，一個手掌的寬度大約是20度。一邊注意視角，推測與太陽反方向的天空中彩虹可能出現的位置，就有高機率能看到彩虹。

此外，運用氣象雷達的資訊，還可以再提高看見彩虹的機率。在網路上搜尋「Nowcast」，能找到像是日本氣象廳的「雲雨動態」雷達資訊。從雷達提供的雨雲位置和動向，我們便能猜測大約何時會下雨，以及雨雲離開的時間點。

當雨雲離開，太陽對面的天空仍在降雨時，大家要好好觀察天空喔。

有趣的重疊彩虹

除了虹和霓，彩虹還有許多有趣的型態。

有一種彩虹，顏色比一般彩虹更鮮豔也更粗，而且有許多重複的彩虹色，這是所謂的「多重虹」。因為虹的內側與霓的外側多次重疊，使得顏色看起來更濃，線條也更粗。

多重虹

多重虹會在光線強烈、雨滴細小且等大的環境出現。當兩道光以略微不同的角度進入同一顆雨滴，光線離開雨滴時就會出現重疊的情況。

光具有波的性質，因此兩道光波的波峰相疊時，顏色就會增強；波峰和波谷相疊，顏色則會減弱，最後形成條紋狀的光。此種由光波彼此干涉所形成的條紋狀，又稱「干涉條紋」。多重虹便是從這種干涉條紋現象中產生，因此日文又稱為「干涉虹」。

紅彩虹、白虹

彩虹並非只有字面上的「彩虹色」。在太陽高度偏低的早晨或傍晚時出現的彩虹，被稱為「紅彩虹」。一如其名，紅彩虹整體是以紅色為主，其彩虹色會呈現紅色調，顏色很漂亮。在日出或日落時，若有預感會下太陽雨，請抬頭看看太陽對面的天空。

除了紅彩虹之外，還有一種「白虹」（氣象學稱為霧虹），這是由雲滴或霧滴形成的彩虹。

光在一般彩虹的水滴裡會經過足夠的折射，每一道分離的顏色範圍很窄，因此能呈現鮮明的顏色。然而，在雲滴和霧滴這麼小的粒子中，光折射後分離的顏色範圍會變寬，導致各種顏色混雜在一起，所以彩虹的帶狀部位看起來就會偏白。

由雲滴形成的彩虹又稱「雲虹」（cloud bow）；由霧滴形成的彩虹則稱「霧虹」（fog bow）。在山區或飛機上很常看見這類彩虹，早上晨霧散開時也有機會見到。

紅彩虹（上圖）
白虹（下圖）

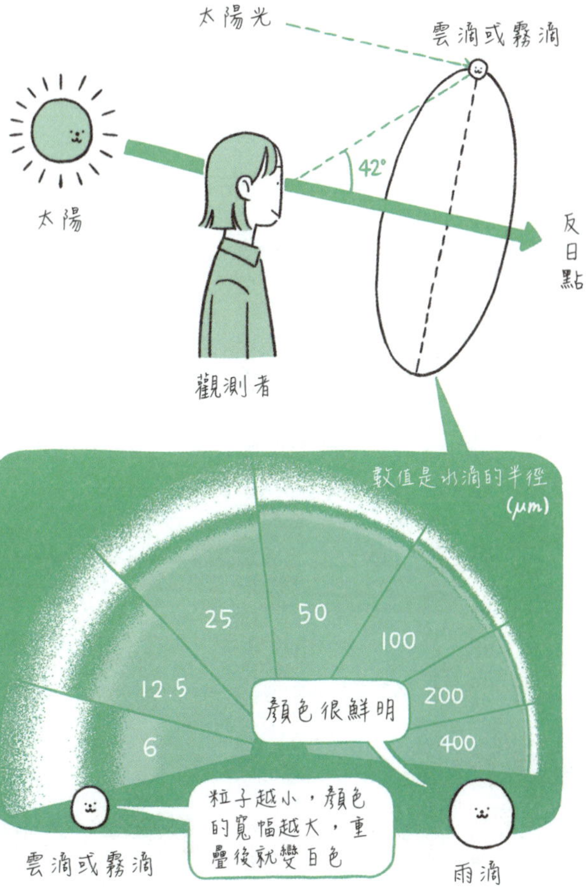
太陽光
雲滴或霧滴
太陽
42°
觀測者
反日點
數值是水滴的半徑
(μm)
25
50
100
12.5
200
6
400
顏色很鮮明
粒子越小，顏色的寬幅越大，重疊後就變白色
雲滴或霧滴
雨滴

白虹的形成原理

高掛天空的彩虹橋是大自然的產物。不過，若符合特定條件，我們也能隨時看見彩虹。我最推薦的方法是利用公園的噴水池。

製造彩虹的實驗

第一步，請先背對太陽，站在水柱往自己面前噴的位置。從這個位置仔細看水柱噴起的水花，你有沒有看見彩虹呢？如果你的住處有庭院，可以用裝著霧狀噴頭的水管灑水，同樣也能製造彩虹。

或是到百圓商店購買噴霧器，朝著彩虹能形成的位置噴灑水霧也是可行的方式。雖然澆水壺的水滴通常很大，較難成功，但若能讓澆水壺灑出和雨滴差不多大小的細小水滴，也能製造簡單的彩虹喔。

另外，在生活周遭尋找彩虹色的蹤影也很有趣。比如光照在玻璃窗上、門的某個部位、腳踏車的反光條等地方，便有機會分離出色光，產生彩虹色的光線。

當你看見彩虹時，不妨仔細觀察光線是從哪裡射進來，好好地探究彩虹色光形成的原因。那種滿足感就像發現寶箱一般，原本平凡無奇的一天或許會因此變得有點特別呢。

美麗的彩雲

若望見天空裡出現彩虹色的絢麗「彩雲」，總是讓人有一種幸運即將降臨的預感。

「吉兆」就在身邊

彩雲一如其名，是一種雲的局部帶有彩虹顏色的現象。在日文中又稱為瑞雲、慶雲、景雲。自古以來就是吉兆的象徵，被認為是吉利的景象。

佛教裡，帶領菩薩從極樂淨土出現的阿彌陀如來，其乘坐的雲就是五色的彩雲。除此之外，西元七〇四年的日本飛鳥時代，因人們在宮殿看見彩虹色的雲朵，於是將年號改為「慶雲」。西元七六七年的奈良時代，朝廷收到各地看見彩紅的回報，也將年號改成「神護景雲」。

彩雲看似是一種稀少的珍貴景象，但其實無論是什麼季節或地點，彩雲都會

彩雲

頻繁地出現。尤其是日文別稱為鱗雲和鰯雲的卷積雲，或是被稱為羊雲的高積雲，當它們出現在太陽附近時，就是看見彩雲的好時機。

彩雲的彩虹色成因

彩雲是由水構成的雲滴所產生的。光在雲滴內發生「繞射」後，就會分離出色光。其繞射強度、繞射角，皆會因為受光粒子的大小而產生差異。

卷積雲、高積雲、積雲這類由水的雲滴組成的雲，內部充滿紊亂的空氣，雲滴不停重複凝結、碰撞、蒸發的結果，使雲朵快速增大。因為這樣，雲裡的雲滴有大有小，繞射強度皆不同，最後便產生不規則彩虹色的彩雲。

如高積雲、積雲這類具有一定規模、從地面就能看見的雲，其輪廓處有時會清楚呈現彩虹色。這是因為雲滴接觸到周圍的乾燥空氣後會蒸發變小，所以繞射強度增加，將光分離成美麗的彩虹色，容易形成鮮豔的彩雲。

當上空出現強風，卷積雲或高積雲會變成莢狀。此類莢狀雲的雲滴大小通常很均勻，有機會見到如同「霓裳羽衣（神話裡仙人所穿的服裝）」一般，平滑且大規模橫展的彩雲。

觀看彩雲的訣竅

觀看彩雲是有訣竅的。

彩雲容易出現在太陽旁邊、視角10度以內的天空。

首先，我們先移動到建築物的陰影內，站在日照處和陰影的分界處，剛好讓建築物遮蔽住太陽。接著抬頭看看太陽附近的卷積雲和高積雲，那裡將會出現用肉眼也能看見的彩雲。

不過，直視太陽是相當危險的行為。觀察彩雲時，一定要安全躲在建築物的遮蔽下，避免傷到眼睛。

我們在室內也能看見彩雲，比如紅茶或咖啡的熱氣。在太陽高度還很低的早晨時間，只要拉開窗簾，讓灑進室內的太陽光照在熱氣上，就會出現彩虹色的彩雲。想要從蒸氣裡看見彩雲，觀察位置很重要。請你面對照進室內的太陽光，把熱氣置於自己的前方。

假如蒸氣量不夠，也可借用香氛蠟燭、線香、蠟燭的煙，增加空氣中的凝結核，使蒸氣量變多（第二十二頁）。這個實驗也可以用手電筒的光源來代替太陽。但要注意，不要直視強烈的光源，以免傷害眼睛。

由花粉而生的彩虹色

當天空出現絮狀或波狀卷積雲時，會看見一道彩虹光形成的圓環圈著太陽的「光環」現象。

光環的成因與彩雲相同，皆是因為光在雲滴裡產生繞射。光環的彩虹色會以太陽為中心點，由內向外呈現紫色到紅色的規律排列。當

花粉光環

雲滴大小不均，天空會形成彩虹色不規則排列的彩雲；而雲滴大小符合某種均等程度時，就會出現光環。

除了雲朵以外，我們也能在其他地方看見光環，那就是「花粉」。

約莫在二月至四月的春季期間，天空中飛散著大量花粉。在雨後放晴又有強風的日子，花粉特別容易被吹起。由於大氣中的花粉原本隨著雨水落到地面，但天氣放晴後，經強風一吹，地面的花粉便連同樹木飄散的花粉一同被吹到空中。

在花粉飛散的日子，利用路燈或建築物勉強遮住太陽，你會看見太陽周圍有一圈清晰的彩虹色圓環，這就是「花粉光環」。

最容易產生花粉光環的是杉樹花粉。由於杉樹花粉的形狀近似球體又大小均等，尺寸和雲滴一樣，所以能發揮跟雲滴相同的作用。

此外，杉樹花粉的外觀有類似蘋果形狀的小凹槽，因此在太陽高度偏低的時候，花粉光環有時會呈現六角形。

不需要雨的彩虹色

由暈與弧妝點的天空

除了彩雲和光環之外，即使沒有下雨，天空也常常出現美麗的彩虹色現象，也就是所謂的暈和弧。暈（Halo）是以太陽為中心點出現的彩虹色光環，弧（Arc）則是圓弧形的彩虹色光，它們都是光線透過冰晶的折射和反射現象。天空出現卷層雲的時候，有很大的機率看見日暈。

冰的結晶（冰晶）基本上為六角形，分為柱狀和板狀。如果冰晶方向不一致，就會出現暈；而晶體排列都是相同方向時，則會出現弧。空中漂浮的冰晶方向會影響光線進出的角度，繼而產生各種不同種類的弧。若平時沒有多加留意，很容易錯過這些天象，不過稍微了解暈和弧的知識之後，就不會再錯失看見這些寶貴現象的機會了。

暈和弧

　暈和弧會出現在太陽周圍的固定位置，只要事先掌握各種現象會出現在哪裡，我們就可以輕鬆找到彩虹色。

　暈會出現的地方，就在我們朝天空筆直伸出手臂時，距離太陽一個手掌和兩個手掌寬的位置（視角22度及46度）。

　一個手掌寬的位置，稱為「22度暈」。當天空有卷層雲時，請用大拇指蓋著太陽，你應該能在小指附近找到「彩虹色的光環」。

　此外，弧還具有各種形狀和不同的出現位置。俗稱「微笑彩虹」的「環天頂弧」，位於離太陽上方兩個手掌

暈跟弧的出現位置

寬的地方。在太陽高度偏低的早晨或傍晚，無論任何季節都有機會出現。

俗稱「火彩虹」的「環地平弧」，則是出現在太陽下方兩個手掌寬的位置。在春季至秋季的中午時間，此時太陽高度偏高，有時能看到環地平弧。

和紅色位於外側的虹不同，暈和弧的紅色都是位於靠近太陽的內側。不過，在弧的種類裡，形成「幻日環」和「光柱」的光線由於只有反射，並沒有折射，所以顏色是白色的。

從很久以前，暈和弧就已是妝點天空的常客。現存最古老的紀錄是一幅描繪一五三五年在斯德哥爾摩看見

環天頂弧（上圖）
環地平弧（下圖）

相關現象的畫作，上面畫出了22度暈及幻日。

在一八四八年的日本江戶時代，尾張武士安井重遠（出生年不明—一八六二年）在其著作《雞肋集》裡，整理了現今山形縣庄內地區曾觀察到的暈跟弧，內容包含22度暈、幻日、幻日環、上外切弧、上切弧之類的現象。看來無論古今，能夠同時看見這些天象，都會令人不禁感到雀躍。

幻日、環天頂弧、環地平弧只出現局部時，經常會被誤以為是彩雲。分辨彩雲及弧的訣竅就是確認它們和太陽的相對位置。

分辨彩雲及弧的方法

彩雲會出現在我們朝太陽伸出手後，約半個手掌寬的內側位置。與其相對的弧，則大部分出現在距離太陽超過一個手掌寬度的地方。

兩者的顏色排列也是分辨重點之一。彩雲的彩虹色呈現不規則分布，但暈及弧靠近太陽的那側必定是紅色，遠離太陽的那一側為紫色。

請看第一七二頁的圖片。圖片中的雲是彩虹色，乍看之下似乎是彩雲，實際

很像彩雲的環地平弧

上色彩卻是上紅下紫的規律排列。由此可推測，這是由冷雲形成的環地平弧，而太陽就位於雲的上方。

當太陽外圍的天空出現彩虹色現象，請先從第一六九頁的圖片確認相關位置，倘若色彩排列整齊，那麼極有可能是弧。在天上有波狀、絮狀卷積雲的時候，有機會看見以藍天為背景的美麗彩虹色喔。

卷積雲所在的高空是一片零下數十度的低溫世界，卷積雲通常由過冷的水滴組成，因此很常出現彩雲。然而，當局部的紊亂空氣互相混合，過冷水滴就會漸漸轉變成冰晶。

波狀、絮狀卷積雲附近若有模糊的雲層，就是美麗的弧出現的絕佳機會。這層朦朧的雲層正是映著藍天的冰晶。當你看見波狀、絮狀卷積雲時，請觀察它們一段時間，應該能遇到模樣多變的天空。

除此之外，從飛機雲轉變而來的卷雲也會產生弧。由於這時只有雲朵會呈現彩虹色，從外觀很容易被誤認為彩雲。

有些人在天空看見彩虹色現象，便會興奮地分享到網路上。若你發現對方不小心搞錯名稱，請不要劈頭就糾正人家，用委婉的和善語氣告訴他吧。跟別人一起開心欣賞天象是最重要的，這樣才能加深觀天的樂趣，並吸引更多人加入。

無以倫比的曙暮天空

如果你想看到優美的天色，最好的時間帶是日出前或日落後，也就是「曙暮」的天空。

曙暮的英文為Twilight，是以太陽的高度來做區別。

浮世繪裡的曙暮天色

請各位回想清晨天剛亮的天空。此時天色漸白，六等星幾乎無法用肉眼看見，太陽位於地平線下負18度至負12度的位置，稱為「天文曙暮」。

再過一小段時間，太陽從地平線下負12度來到負6度，天色已亮到足夠辨別海面與天空的分界，此稱為「航海曙暮」。而太陽位置從負6度移動到地平線（0度）時，天色已是無需照明就可在室外活動的亮度，則稱為「民用曙暮」。這些是天文用語，同時指日出前、日落後兩種不同的太陽高度。

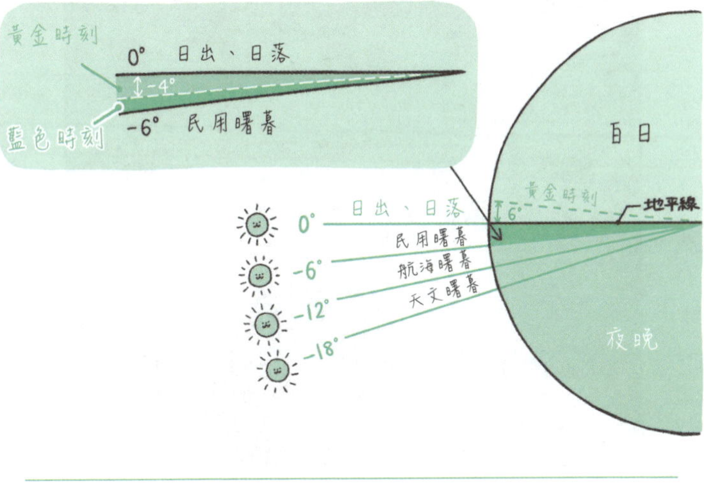

曙暮時刻的天空（上圖）
曙暮的種類（下圖）

〈名所江戸百景〉的〈八景坂鎧掛松〉

在日文中，早晨的曙光又別名「曉」、「東雲」、「曙」，而傍晚的暮光則稱為「黃昏」、「薄暮」，可見人們在日常生活中有多麼喜愛天空。

日本江戶時代的浮世繪畫師——歌川廣重（一七九七－一八五八），經常描繪民用曙暮轉為航海曙暮的時間帶。其系列畫作〈名所江戶百景〉的〈八景坂鎧掛松〉裡，天空正中央呈現些許黃色。我猜那可能是中層有高積雲，當太陽光照射在雲上，就變成金黃色了。

天空為何是藍色？

說起來，天空為何是藍色的呢？

原因就是「散射的藍光」。當可見光在大氣中碰到比自身波長更小的空氣微粒或氣膠時，紫色跟藍色這類波長較短的色光會朝四面八方散射，此原理稱為「瑞利散射」。

由於可見光裡波長最短的紫光會在大氣層極高的位置散射，不會傳遞到位於地表的我們眼中，於是天空便充滿著第二種容易散射的「藍光」，使天空在我們眼裡成了藍色。其他色光傳遞到地表面的過程幾乎不會散射，所以白晝的太陽看起來散發著白光。

早晨或傍晚的太陽處於較低的位置，太陽光穿透大氣層的距離比中午時間更長，所以短波長的色光全部散射之後，天空只剩下長波長的「紅光」。換句話說，朝霞與晚霞的成因，就是光在大氣裡長距離行進後，最後僅存的色光在天空散射的結果。

題外話，紅綠燈之所以選用紅色作為「停止」的燈號，正是因為紅光不容易出現散射現象，能夠傳遞得更遙遠。

黃金時刻、維納斯帶、藍色時刻

在日出前、日落後的曙暮時間，天色會呈現美麗的色調。這是因為太陽位於地平線下，雲又處於高空位置，光通過最長距離抵達地表的過程受強烈瑞利散射影響，於是呈現深紅色。另一方面，假如當天晴朗無雲，天空將會出現華麗的漸層。

在民用曙暮光的時間帶可以輕易拍到優美的照片，所以又被稱為「魔幻時刻」或「黃金時刻」（Gold hour）。此時有由紅轉藍的漸層、金黃色的天空、赤紅的

維納斯帶與地影

火燒雲……不僅如此，在太陽相反側的地平線附近，天空還會出現名為「地影」的地球影子，使天色偏暗，並在地影上方不遠處產生偏紫的粉紅色「維納斯帶」。

一年四季當中，凡是晴朗的天氣，都能在一天內看見兩次民用曙暮光的絢爛天色。在日出前與日落後約三十分鐘內，請抬頭欣賞一下天空吧。

除此之外，在民用曙暮光的某段時間，會出現天空呈現整面群青色的「藍色時刻」（Blue hour）。此時我們所看見的，是視野被包覆在一片深藍色光下的「藍調時刻」現象。其原

藍色時刻

理在於，此時臭氧（O_3）吸收了陽光（少量黃光與紅光）但幾乎不吸收藍光，以致我們所看見的，只剩下高空散射的藍光。

藍色時刻會因雲的出現而有不同景象。相對於太陽仰角處於6度至負4度的黃金時刻，藍色時刻的太陽仰角為負4度至負6度，僅有約莫二十分鐘的時間。縱然時間短暫，但也不會瞬間消失，只要把握晴朗的日子就能夠看見。

當你為工作或學習感到疲憊，請務必騰出一點點時間，仰望曙暮時刻的天空。尤其在情緒低潮時，若能看到美麗的曙暮天色，心情會意外變得輕鬆許多喔。

白天總是忙得無暇眺望天空的人，不妨看看一天當中會出現兩次、夢幻又絢麗的曙暮光，讓自己稍微喘口氣吧。

欣賞天使之梯

當天空布滿如羊群般的高積雲，或是遮蔽天穹的層積雲，有時能見到放射狀光束自雲的縫隙間射向地面。

從天而降的光束

這是由於光線照到大氣中的氣膠後發生散射（米氏散射），又因「廷得耳效應」使得光的軌跡具現化，形成「雲隙光」。在《舊約聖經》〈創世紀〉二十八章十二節中提到，以色列人的族長雅各在夢裡看見天使利用梯子往來天地之間，於是這種光束又稱為「天使之梯」或「雅各的天梯」。

藝術裡的雲隙光

從古至今，絢爛夢幻的雲隙光刺激了許多藝術家的創作慾望。荷蘭畫家林布蘭（一六〇六—一六六九）即是其中一人。他的畫風以彷彿有聚光燈照射般的強烈明

天使之梯

暗感聞名，被譽為「光影魔術師」。他特別喜歡描繪雲隙光，雲隙光也因為他而被稱為「林布蘭光」。另外，日本詩人及作家宮澤賢治（一八九六—一九三三），也曾為打算放棄音樂之路的學生寫了一首名為〈告別〉的詩。在這首詩裡，他以「由光打造的管風琴」來形容雲隙光。

由我擔任氣象顧問的電影《天氣之子》（原作、編劇、導演：新海誠／東寶），裡頭也有出現雲隙光。為求情景逼真，我請他們隨著太陽高度變化更改畫面顏色。當太陽處於低處，天使之梯會因為「瑞利散射」而呈現

林布蘭的作品《基督升天》

橘色或紅色。之後太陽微微升高，便開始轉為金黃色，到了臨近正午，整體則變得近似白色。電影裡的色調忠實呈現了這些變化。動畫《龍龍與忠狗》（富士電視台）最後一集的高潮也出現了令人印象深刻的天使之梯。每當我感到疲憊不堪、彷彿要被老天召喚的時候，總是忍不住在社群媒體上傳天使之梯的照片。

反雲隙光也不容錯過

雖然天使之梯專指從陰暗天空向下拋射光條的景象，但雲隙光可不只會由上往下照射喔。當太陽躲在積雲後方，放射狀的光束和影束仍會從積雲或積雨雲的位置朝上空射出。向上直射的雲隙光一路朝另一端的東方天空延伸，光影逐漸往反日點集中，這種現象稱為「反雲隙光」或「佛光」。

此時的畫面就像天空被割裂，因此日本人又稱之為「天割」。在日本關東等地，夏季傍晚的山區容易發展出積雨雲，在天空西方很常出現反雲隙光。這是一種美得令人屏息又神往的自然現象。

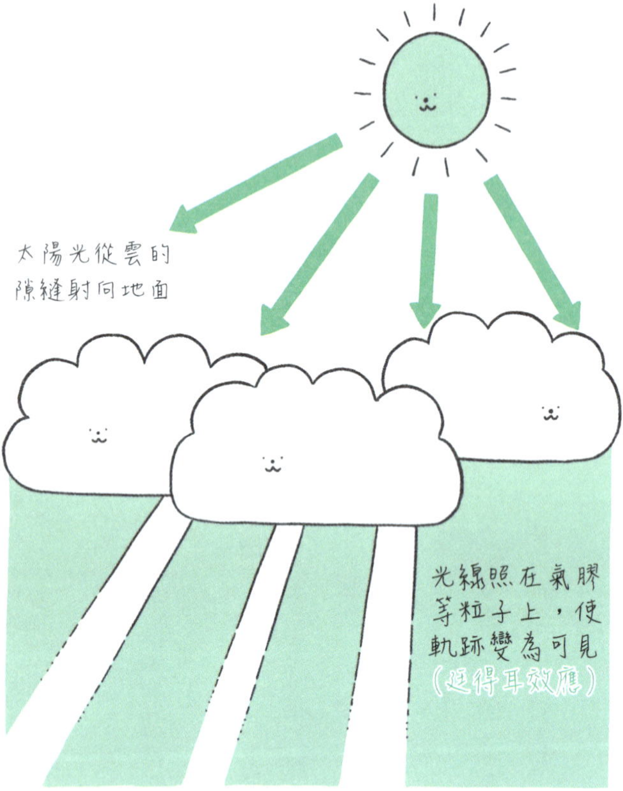

天使之梯的成因

從積雨雲後方射出的雲隙光（上圖）
反雲隙光（下圖）

透過太陽來解讀天空

朝霞、晚霞或日正當中的藍天，皆是源自於太陽。由於太陽本身會發亮，因此受到大氣層的影響甚大。換句話說，我們可以從太陽的模樣判斷當下空氣的狀態，以及天空中存在何種氣層。

低空中的深紅色太陽

各位是否曾在早晨或傍晚，看見離地平線很近的低空出現深紅色的太陽呢？形成這幅美麗紅色景象的原因，其實就是大氣中的懸浮微粒——氣膠。當太陽發出的可見光碰撞到大氣中的氣膠，便會發生瑞利散射並向周圍四散。

倘若空氣不佳，空中充斥著大量氣膠，低空的光線在強烈瑞利散射作用之下會轉弱，導致整體視覺偏向灰暗。此時，讓光以最短距離傳遞到人眼的太陽本體，就會呈現深紅色外觀。

在容易出現大量氣膠的春季，尤其是空氣中滿布沙塵、PM2.5 或花粉的日子，經常會見到深紅色的太陽。遇到有沙塵警報，或是雨後放晴又吹起強風，導致花粉紛飛的日子，把握日出或日落的時刻，你就能看見有如熟成鮭魚卵般鮮紅的太陽。感覺看著看著，肚子也跟著餓了呢。

發出綠光的太陽

太陽有時會出現短暫的綠色閃光。

這種稱為「綠閃光」的現象，主要出現在日出或日落的瞬間。可見光中波長越短的色光（紫色或藍色），越容易在大氣裡發生大幅度折射。因此，太陽光進入大氣層的入射角越小，其折射程度也就越大。

這時，紫光在大氣層上部發生瑞利散射，而短波長的藍光或綠光則射向地表。然而，藍光又比綠光散射得更嚴重，導致最後只剩下綠光，形成綠閃光現象。

我們通常可以在看得見水平線的海面上欣賞到綠閃光，但在日常生活中，偶爾在山區的日落瞬間，也能看見宛如綠閃光的綠色光芒。太陽在轉成綠色的瞬間

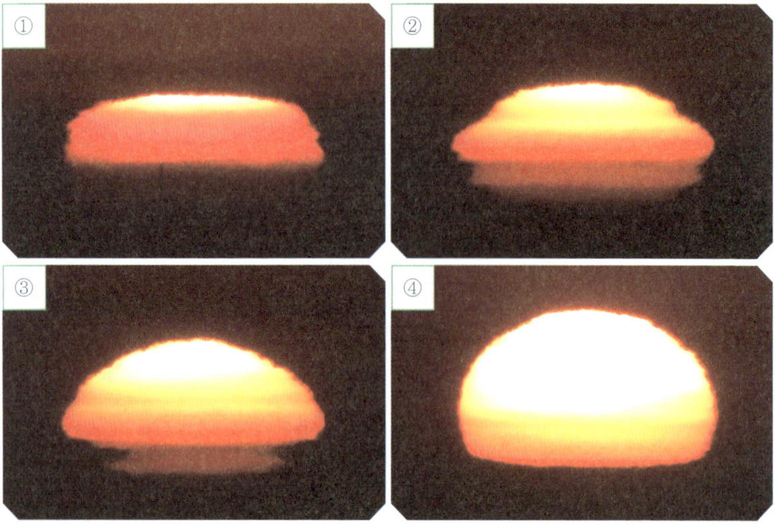

形狀有趣的太陽

本體看起來相當小，若使用高倍率相機連拍，就有機會拍到這幅奇景。

據說看見稀有的綠閃光能夠帶來幸福。極少數情況下，也能看到綻放著藍光的藍閃光。這些都是光在大氣裡的折射與散射造成的現象，大自然真的很神奇呢。

扭曲的太陽

請大家看本頁上方的照片①至④，這是我在十二月的早晨於關東拍攝的日出畫面。原本應該是圓形的太陽，居然看起來像四角形。隨後，底下的部分開始延伸，逐漸變成香菇形狀，接著太陽又從饅頭般的外型漸漸變圓。這其實是一種「上蜃景」現象（第六十五頁）。

日本關東平原在冬季的夜間多為晴朗的天氣，經由輻射冷卻，地表附近的整體氣層變得偏冷，正上方容易堆疊相對溫暖的氣層。當日出的太陽光通過這些氣層，原先朝上照射的光反而向下折射，結果使我們看見風景向上延伸的景象。

在剛才的照片裡，只有上方的圓形部分是從地平線浮起的太陽，其下方的部位則是「往上延伸」的虛像，所以看起來是四角形。

有時在溫暖的海面上遇到冷空氣流入，太陽會變成酒杯或不倒翁形狀，這則是「下蜃景」現象。

我們從太陽的外型變化便能看出地表附近的大氣層處於何種狀態。一想到太陽透過扭曲的模樣，向人們表達肉眼無法看見的大氣狀態，心裡就覺得太陽真是可愛呢。

月食和綠寶石帶

從月食感受地球的大氣環境

在神話裡，「太陽與月亮」往往被視為成對的象徵。當天體依照太陽→月亮→地球的順序排成一直線，便會出現神話裡的「日食」現象。與此相對，也有所謂的「月食」。

月食會出現在太陽→地球→月亮依序排成一直線的時候。月亮完全被地球影子覆蓋所形成的月全食，會發出「赤銅色」的黑紅暗光。

此現象與早晨或傍晚的天空出現紅霞是同樣原理。在太陽光通過大氣層時，短波長的可見光幾乎受到瑞利散射影響，只剩長波長的微弱紅光能夠穿透大氣。

由於太陽光同時也在大氣中發生折射，照進影子的內側，因此月亮表面便呈現淡淡的紅光。

除此之外，在月全食的過程中，當月亮處於表面正要變成赤銅色之前的偏食狀態，月亮的輪廓會浮現一層淡藍色，這個部分稱為「綠寶石帶」。其原理是藍光在高空的臭氧層裡發生散射，使得月缺受到光的照射而產生此幅美麗的景象。

今夜的月色也很美

日本作家夏目漱石（一八六七—一九一六）曾有一段軼事，據傳他曾對學生說，如果要將「I love you」翻譯成日文，可以翻成「月色真美」（實際真偽不明）。

月亮大小與視覺錯覺

事實上，月亮多變的神采真的相當美麗。

當月亮剛從地平線升起時，就像太陽一樣受到強烈的瑞利散射影響，因此呈現紅色，有如露出嬌羞的表情一般。

隨著月亮慢慢升空，光穿越大氣層的路徑越來越短，顏色便從橘色、黃色變成白色，也就是慢慢從暖色調轉白，且變得更明亮。有些人會對紅月感到害怕，其實這與朝霞、晚霞是同樣的原理。如果在月亮升起與落下時仔細觀察紅色月亮，

紅月

你會覺得月亮其實很可愛喔。

月亮位在地平線附近時，看起來偏橢圓形，也比高掛天空時更大；實際上，這是因為月亮位在低空位置時，可以與容易判斷大小的建築物等街景做比較，於是產生了「視覺錯覺」。

由於月球並非以正圓形軌道繞著地球公轉，月亮看起來的大小會隨著週期出現細微變化。最接近地球的滿月稱為「超級月亮」，看起來又大又亮，卻也不至於讓人明顯察覺其真實的大小差異。

利用視覺錯覺事先確認好想拍攝的建築物與月亮的相對位置，那麼在

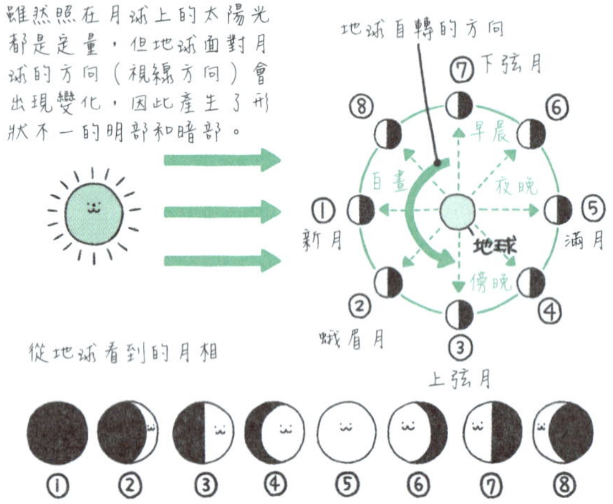

月亮盈虧的成因

傍晚出門拍照時，說不定能拍到有巨大滿月當背景的有趣照片。

由於月球有盈虧變化，每天的形狀都會不同，升起的時間也會每天延遲約五十分鐘。大家要好好欣賞只有在當日，或當下時刻才會出現的月亮模樣。

微微發亮的月缺部位

除了滿月之外，也請大家仔細觀察夜空中那抹近似新月的細細彎月，你有看見太陽光沒照到的「月缺部位」正微微發亮嗎？這是名為「地球反照」的現象。

恰逢新月時，若從月亮觀看太陽，會看到太陽光正完整照射在地球朝向月亮的那一面，呈現如滿月一般的「滿地球」狀態。因為太陽光照在地球上的面積很大，就算月亮正呈現細長狀，經過地球反射的光線依舊能傳遞到月球其他部位。

因此，月缺處發出微弱的光芒，是受到地球的反射光照射，才讓位於地表的我們能夠看見。此時映照在我們眼裡的那道光，其實是經歷了「地球↓月球↓地球」這段旅程的太陽光。想到這個，是不是感覺規模很壯闊呢。

月球地名小知識

在滿月的夜晚，我們可以好好欣賞月球的表面。月亮距離地球約三十八萬公里，約莫等同繞行赤道十圈，但位於地球的我們只能見到月球的表面。因為月球繞行地球公轉一圈，正好也會自轉一圈，於是從地球永遠只能看見月亮的同一面。

我們的肉眼可以微微看見月面上有亮部和暗部。日本文化承襲中國古代的傳說，認為這些暗部串連起來，就像一隻「兔子」。不過，也有其他國家認為這個部位看起來像驢子、螃蟹，或女性的側臉等等。

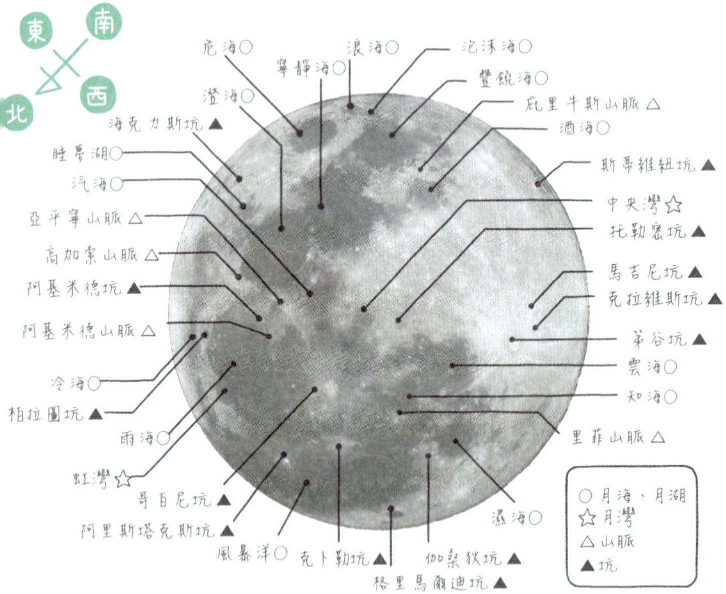
東
南
北
西
危海○
寧靜海○
浪海○
泡沫海○
豐饒海○
庇里牛斯山脈△
酒海○
澄海○
海克力斯坑▲
睡夢湖○
汽海○
亞平寧山脈△
高加索山脈△
阿基米德坑▲
阿基米德山脈△
冷海○
柏拉圖坑▲
雨海○
虹灣☆
哥白尼坑▲
阿里斯塔克斯坑▲
風暴洋○
克卜勒坑▲
格里馬爾迪坑▲
伽桑狄坑▲
濕海○
里菲山脈△
知海○
雲海○
第谷坑▲
克拉維斯坑▲
馬吉尼坑▲
托勒密坑▲
中央灣☆
斯蒂維紐坑▲
○月海、月湖
☆月灣
△山脈
▲坑

月球的主要地名

月面上其實有很多地名。看似兔子形狀的暗部被歸類為「海」，而其他部位則是「陸地」或「山脈」，並進一步細分成各種名稱。

第一位公布月球樣貌的人，正是知名的伽利略．伽利萊（Galileo Galilei，一五六四—一六四二）。據說他在一六〇九年以自製望遠鏡觀察到月球的樣子。一六四五年，荷蘭天文學家米希爾．朗格倫斯（Michael van Langren，一五九八—一六七五）替月球表面標註地名，首次出版月球的地圖。他將看起來偏暗的部分稱為「海」，明亮部位稱為「陸地」。

除了他們，兩年後的波蘭—德國天文學家約翰．赫維留斯（Johannes Hevelius，一六一一—一六八七），也以地球的山名替月球的山脈命名。到了一六五一年，義大利天文學家喬凡尼．巴蒂斯塔．里喬利（Giovanni Battista Riccioli，一五九八—一六七一）進一步將名稱分類系統化，例如坑、灣、山脈，並替暗部的局部小區域取名為「沼」、「湖」，此稱呼一直沿用至今。

伽利略 · 伽利萊

約翰 · 赫維留斯

喬凡尼 · 巴蒂斯塔 ·
里喬利

地球強烈受到太陽及月亮的引力影響，海平面高度和潮位會因應兩者週期而改變。當太陽和月亮造成的潮差重疊，就稱為「大潮」；而兩者造成的潮差相反時，則稱為「小潮」。

月光點綴的夜空

月亮也會有自太陽而生的美麗天象，「暈」便是其中之一。因為月光比太陽光弱，我們可以直接用肉眼觀察。由太陽光產生的暈稱為「日暈」；與此相對，由月光所產生的暈便叫「月暈」。在月亮左右兩側約一個手掌寬的位置，會出現月亮版的「幻日」現象，稱為「幻月」。在臨近滿月的明亮夜晚，特別適合進行這些觀測。

當夜空充滿波狀卷積雲或高積雲時，我們還能看見彩雲或「月華」；遇到花粉容易飛散的早春，則有機會遇見「花粉月華」。在滿月前後的夜晚，若局部地區有降雨，也能見到因月光產生的「月虹」。

如果你正仰望著夜空，一邊觀察月亮盈缺和雲的模樣，一邊想像著待會將遇見何種景象，天空也許會出現很浪漫的情景喔。

月暈、幻月（上圖）
花粉月華（下圖）

第4章

就算是壞天氣

陰雨天的氣象學家

陰天也有自己的個性

每逢陰天，人們的心情好像也容易跟著陷入低潮。聽說在冬季，日本西北方的日本海側因連日下雪或陰天，日照時間非常少，人體用於穩定心神的神經傳導物質血清素分泌不足，導致許多人因此感到憂鬱。

若是能搭乘飛機直達天際，就能穿透灰濛濛的天空，看見雲海上遼闊的藍天。但是，我們沒辦法任意搭上飛機。也許有人會覺得觀察陰天的天空一點都不好玩，但仔細注意雲在陰天時的動態或形狀，反而能感受到平時看不見的大氣流動。

雲層布滿整個天空看似靜止不動，實際上一直在持續移動。高空的風會吹動雲層，遇到低氣壓或鋒面經過使風向改變時，雲的流向也會跟著變化。

當周圍的天空正在降雨，受雨水影響而震動的空氣會產生大氣重力波，傳遞

在多雲的天空上方是一片蔚藍

到雲層底部，並形成波浪狀的「糙面雲」（Asperitas）。

儘管我們人眼無法看見持續不斷在變化的大氣，雲卻會幫我們將這些氣流化為可見。是雲朵們挺身而出，告訴我們天空中正在發生的事。

看出陰天隱藏的個性之後，天空上的劇場似乎又變得更平易近人，連陰雨綿綿的天氣也會變得充滿樂趣。

雨天才能觀察的雨滴動態

即便是雨天，也充滿著各種趣味，我最推薦的玩法是用手機的「慢動作攝影」來拍

糙面雲

攝水窪。只需要花短短幾秒鐘，就能將雨滴從天空降落，撞擊到水面後彈起、落下，接著又往上彈的一連串動態拍成影片。

如果是小水滴，它會先彈跳起來，接著受表面張力影響，在水面上如球般滾動幾下才消失。

雨滴的彈跳方式以及漣漪散開的方式，都會因雨勢強弱而不盡相同。

當雨勢偏弱，每一顆水滴都會輕盈地彈跳；雨勢很強的時候，落下的水滴在水面上撞出大凹洞後，不會完全向上回彈，只會在水面露出球狀的一部分。以正常速度去看，我們無法

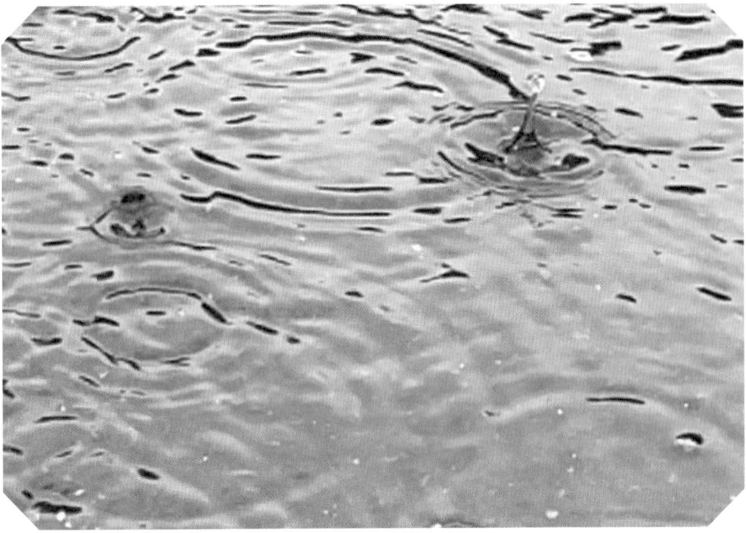

用慢動作拍攝的水窪

看見這樣的水滴動態，但透過三、四秒的慢動作影片就能看得一清二楚。

有機會遇到小雨的日子，大家務必用慢動作攝影挑戰看看。拍攝訣竅是使用手機在距離水面十公分處的位置拍攝，這樣就足以拍出宛若新海誠導演作品中的美麗世界了。

當手裡撐著透明雨傘，或是搭乘公車、電車等交通工具時，也不要錯過觀察雨滴動態的機會。

當雨滴落到傘面後會先瞬間飛散，然後變成水珠附著在上面。等其他雨滴跟著落下，水珠便急速增大，最後受重力牽引而向下滑落。

這跟雨滴在雲中成長的過程幾乎是相同的現象。雲滴也是吸收周圍的水蒸氣而逐漸變大，最終因自身重量而向下墜落化為雨水。由於雨滴大小會左右下墜速度，不同大小的雨滴在途中互相撞擊（第二八一頁）並結合，使得體積快速增長，加快了下墜的速度。

雨天的傘面上，水滴會在任何地方持續上演「落下」、「結合」、「因體積增大，無法支撐而滑落」等連串的動態。大家一邊留意周遭安全，一邊觀察傘面或玻璃窗上的水滴，雨天就會帶來很多樂趣。

雨和雪的氣味

下雨天時，你是否覺得空氣中散發著某種特殊氣味呢？那是一種有點令人懷念、帶著泥土味的味道。其實這種「雨水的氣味」也有名字喔。

其中一種叫作「潮土油」（Petrichor），在希臘語是「岩石精華」的意思。經過連日晴朗的天氣，久違地下起了雨，此時地面傳來的味道就是「潮土油」。那是植物所分泌的油脂，原本附著在乾燥地面的石頭或泥土表面，後因降雨而釋放到空氣中的氣味。

另外還有一種氣味叫「土霉味」（Geosmin）。若潮土油指的是開始降雨後所聞到的味道，那麼土霉味就是雨停之後的氣味。由土壤中的細菌所形成的有機化合物，經雨水沖刷而擴散，便會產生這股味道。有時候也被形容是「類似發霉的氣味」。

除此之外，伴隨閃電的放電現象，會在大氣中產生臭氧，有時我們也會聞到這股味道。

在下雪前一刻，總是有一股好像會刺激鼻子的「雪的氣味」，這個現象跟降雪前的空氣狀況有關。因為降雪的時候，雪經過昇華作用使空氣冷卻，並轉變成水蒸氣，氣溫從上空到地表逐漸下降，濕度上升。而氣溫降低之後，空氣分子的運動因其特性而變慢，於是人類變得難以感知氣味。

另一方面，環境濕度越高，越容易刺激嗅覺，鼻子才會出現溫暖潮濕的感覺。此時受到冷空氣刺激的三叉神經，構造上本就會對薄荷等香氣產生冰冷和清涼感。

從上述的原因總結，雪的味道是源自降雪前的大氣溫度下降、濕度上升，因此刺激神經運作，從氣味的記憶裡組合出我們熟悉的味道——換句話說，雪本身並不具有氣味，而是這些氣味組合會令我們聯想到雪。

在下雨和下雪的日子，不妨試著到戶外深呼吸。天空不僅可以用眼睛欣賞，還可以用嗅覺、神經等全身感官來體驗。

雪是從天而降的書信

江戶時代的雪花結晶圖

自古以來人們都很崇尚雪。英國物理學家艾薩克．牛頓曾研究過雪花的結晶；在日本江戶時代，下總國古河藩（現今茨城縣古河市）的藩主——土井利位（一七八九－一八四八）曾用顯微鏡進行觀察，整理出八十六種雪花結晶圖，收錄在《雪華圖說》一書中。

自此時開始，江戶便流行起「雪花」圖樣，浮世繪、髮簪、和服布料等等，許多物品都會使用相關圖案。順帶一提，浮世繪裡的女性和服經常出現的樹枝狀或扇形結晶圖樣，正是關東地區常見的雪結晶類型。無論是江戶時代還是現代，關東的雪花結晶特徵似乎沒有太大的變化。

愛雪的科學家

說到雪的研究，當然要提到知名的中谷宇吉郎（一九〇〇－一九六二），他是世界上第一位成功製作出人造雪的人。中谷解開了雪的結晶形狀與氣溫、水蒸氣量的相對變化，而且不只是對雪的研究，他在文學、藝術領域也很活躍。

中谷留下不少名言，其中一句是：「科學與藝術之間，相隔著一道玻璃牆。」我認為這句話是指科學家和藝術家在本質上，具有極為相像的特徵。無論是專注於研究或創作時的心境，還是追求新發現的過程，兩者都有許多共通之處。另一方面，也有人認為科學和藝術之間互不相容，或者說，兩者其實是互相彌補的東西。中谷所說的「玻璃牆」，或許就是想表達這種細膩的關係。

中谷宇吉郎

我曾在動畫電影《天氣之子》裡擔任氣象顧問，並有製作繪本及圖鑑的經驗，因此我能感受到科學與藝術結合的可能性。特別是在《天氣之子》這部作品中，新海誠導演本就追求「結合科學整合性的表現」，要求作品中出現的氣象場景必須十分逼真，然後再由此巧妙編入故事的所需要素，最終打造出更有深度及說服力的娛樂作品。

雖然大家都說「藝術是憑感性創作」，但在創作背景中加入對科學的深刻觀點，想必可以開創更豐富的表現手法。相對地，科學若能在表現方式多下點工夫，肯定也能更添趣味性，找到更能感動人心的傳達方法。我們或許不該把科學和藝術當作毫無關聯的領域，而是期待彼此可以相輔相成，打開新的世界大門。

收集「來自天空的書信」

中谷有一句名言：「雪是來自天空的書信。」因為雲內部的氣溫及水蒸氣量會影響其形成的雪花結晶外型，所以觀察從天而降的雪花結晶，我們可以獲得雲的相關資訊。結晶會是六角柱狀還是六角板狀取決於氣溫，而水蒸氣量越多，冰晶就會變得越大。

儘管現在觀測技術發達，雪花結晶的形狀仍舊太多樣化，很難統整成數值。不同的環境條件可能會造就完全不一樣的結晶，而結晶的融化程度也會影響下墜速度。縱使有機器可以連續拍攝雪花落下的過程，但那種器材造價不菲，難以普及到各地觀測地點。現階段最有效益的方式，依然是直接觀察已落下的雪花。

使用機器觀測雪花結晶並不容易，但從防災角度而言，分析雪花依然是很重要的工作。

特別是日本很少降雪的太平洋側，往往下一點點雪就會造成交通癱瘓，許多人更因此滑倒受傷，災難頻傳。倘若可以分析「雪下在哪裡？下的是什麼樣的雪？」並解開雪雲的構造，天氣預報便能做得更加精準，將災害降至最低。

因此，我在氣象研究所發起名為「#關東雪結晶計畫」（原日文：関東雪結晶プロジェクト）的行動，在網路上收集一般民眾用手機拍攝的雪花照片，以此進行分析。自網路和智慧型手機逐漸普及後的二〇〇〇年代，美國等地開始推廣此類「公民科學」的做法。希望借助公民的力量收集大量資訊，從中取得科學家無法自力獲得的觀點。

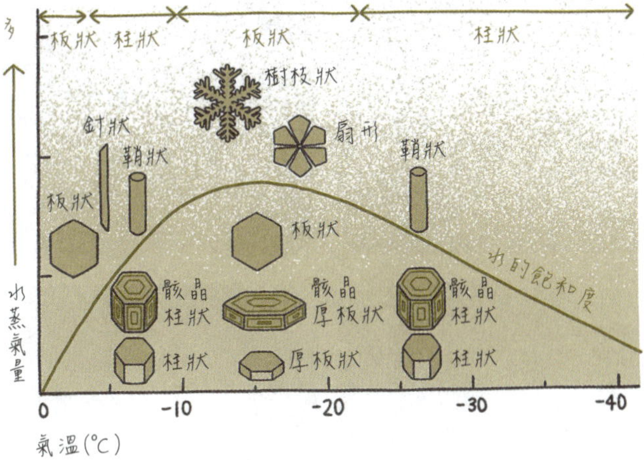

雪花形狀與氣溫、水蒸氣量的關係（小林圖表）

雪花的外觀很精緻，實際看到時總會帶來好心情。這種想要拍到美麗結晶照片的想法，也是參與公民科學的一種動力。

當然，也有部分參加民眾是想為防災工作貢獻己力，或是樂於挑戰自己能找到多少種結晶。後來，每逢下雪的日子，不僅是關東地區，我也會收到大量來自其他地方的雪花照片。

不僅如此，「想拍攝的想法」還能提升自然與人之間的防災教育素養。「為了拍到漂亮的雪花，我想知道何時何地會下雪」，這樣的想法會引導民眾前往防災情報網，有助於逐漸了

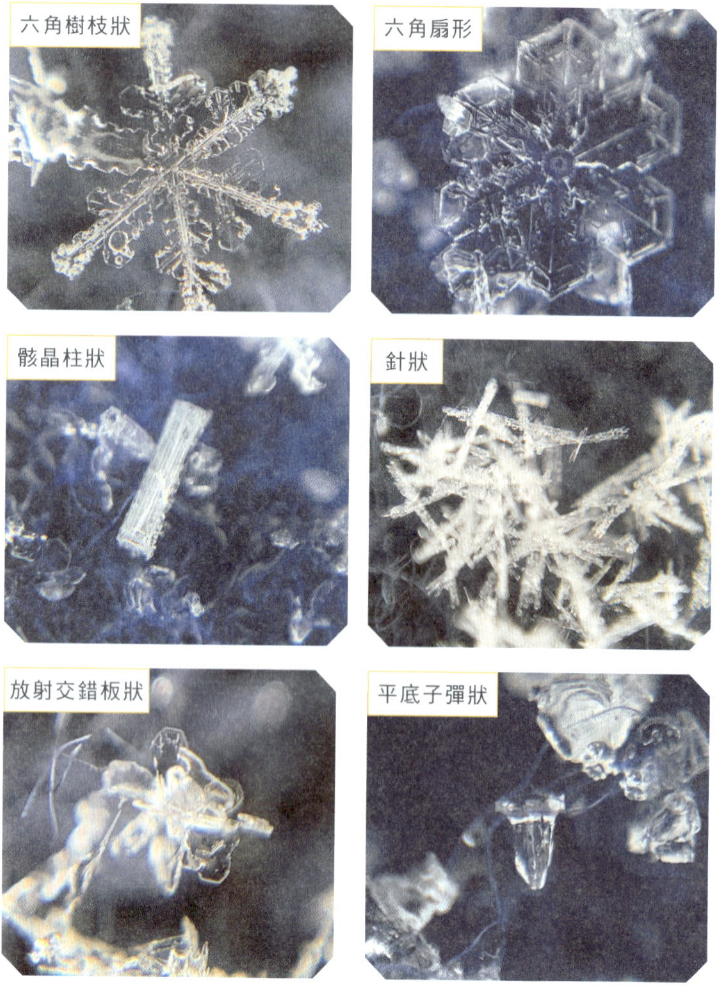
六角樹枝狀
六角扇形
骸晶柱狀
針狀
放射交錯板狀
平底子彈狀

各種形狀的雪花

解天氣預報和防災資訊的詳細內容。

各地民眾傳給我的雪花圖片對於分析研究非常有幫助。配合研究所的觀測儀器得到的數據，我便可以分析出「什麼雲會形成並培養出何種粒子，最終使它們落下」。

解析雪崩的原理

雪花結晶等於是「雪的履歷表」，觀察結晶的形狀就能了解雪是在何種環境下成長。

比如說，水蒸氣量多的時候會長出樹枝狀結晶，而板狀互相交叉的交錯板狀結晶，或是子彈狀結晶的粒徑都很小，只在低於零下二十度的低溫雲層中成長（低溫型結晶）。此外，含有過冷雲滴的雪雲，還會產生挾帶雲滴的聚積冰晶。

二〇一七年三月二十七日，日本栃木縣那須郡那須町的雪山在一場登山講座期間發生雪崩，導致七名高中生及一名教師不幸罹難。經過現場調查雪崩的發生原因，發現一開始的積雪在表層形成容易崩塌的「脆弱層」，隨後又在上面堆積

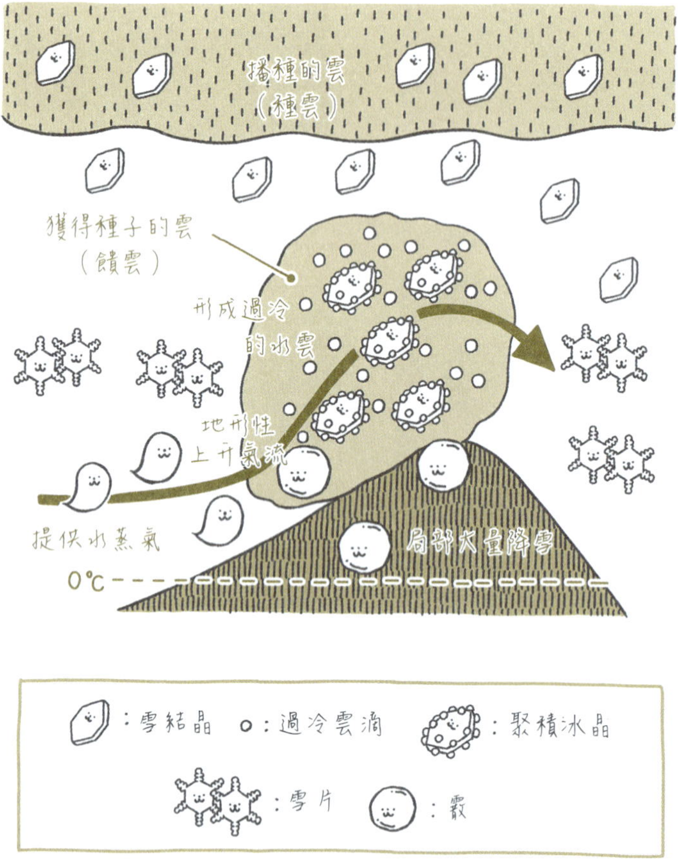

2017 年 3 月 27 日 栃木縣那須町的大雪結構

厚重的降雪，最後才導致「表層雪崩」。

脆弱層的積雪是由不帶雲滴的板狀結晶所形成。此類冰晶飄降堆積之後，會產生結合力差且容易坍塌的脆弱雪層。再加上低氣壓漸漸靠近，山地迎風坡正上方出現過冷雲滴組成的雲，在局部地區出現大雪。這時，大量含有聚積冰晶的雪落在脆弱層上，使得較易滑動的脆弱層崩塌，表層堆積的雪也因此瞬間滑落。

除此之外，近年已確定低溫型結晶和雪崩有關。因低溫型結晶構成的雪質鬆軟又易流動，若遇降雪就會崩塌。

不過，觀察結晶雖然能夠了解雪質，但要確定降雪的結晶種類需要一段時間，目前仍難以即時預測雪崩風險。於是，我決定透過「＃關東雪結晶計畫」收集結晶照片的樣本，研究何種氣象條件會降下低溫型結晶，並用於相關預測。

我利用約莫三年份的資料進行歸類，每過一小時就分析天空降下的冰晶種類。結果發現，有時低溫型結晶會持續飄降，但也有完全不出現的情形。

我又進一步研究，了解到伴隨鋒面的「溫帶氣旋」，與未伴隨鋒面的低氣壓是有差異的。只有「溫帶氣旋」才能夠帶來低溫型結晶。低溫型結晶僅在零下超過二十度的低溫環境成長，透過氣象衛星觀察雲層，我們知道溫帶氣旋的雲層較厚，內部可以達到零下三十度。

而不會出現低溫型結晶的低氣壓雲層較薄，內部溫度相對比較高。換句話說，即使預測到同樣的降雪量，發生表層雪崩的風險也會隨著低氣壓的雲層厚度及其構造，而有不同結果。

越認識雪，越能防範意外

我已將前述研究成果提供給日本氣象廳，而更加瞭解低氣壓結構和雲層厚薄的影響之後，我們也開始針對「雪崩警報」展開新的討論。

按照過去的方式，日本國內含有山地地形的縣機關經常過度頻繁地發布「雪崩警報」。但這樣一來，警報恐怕會像《伊索寓言》裡的故事〈狼來了〉一樣，降低其可信度。因此，想要達到防範意外的目標，關鍵是提供具有輕重緩急之分的高準度警報。

我們可以從雪結晶看出雲的種類，而積雪的剖面則能告訴我們該年冬天的降雪紀錄。不同性質的雪會像地層般層層堆積。目前我正是在研究這些積雪粒子，了解各雪層是在何時及何種條件下積聚而成，希望能夠藉此檢測出不穩定的雪層，幫助我們預測表層雪崩。

「＃關東雪結晶計畫」對分析實際降雪情形的工作很有幫助。如果你喜歡拍攝雪結晶，歡迎上傳到 X（Twitter），並附上這個標籤，你也可以從連結欣賞到其他人拍攝到的各種雪結晶喔。

我在關於這場公民科學的論文結尾寫道：「希望未來能夠建立起『遇到下雪就進行觀察雪結晶』的文化。」期許每個人都能親近這些自然現象，學會欣賞它們，以及防範危險發生，讓人類與氣象的互動扎根在每個人的心中。

雪日的美麗畫面

下雪天也可以用手機挑戰慢動作攝影喔。只要對著窗外用慢動作攝影，就能拍到凝聚雪結晶的「牡丹雪」輕盈落下的美麗模樣。如果選擇暗色背景還能凸顯雪的存在，拍出氣氛十足的唯美影片。

雪繩

等雪停了，我們再開始觀察積雪。我最喜歡的是能看出「雪的黏性」的現象。在雪國，屋頂上的積雪會呈現圓弧狀，從屋頂的邊緣向外突出。這種現象稱為「雪簷」。在冬季的新聞裡經常能看到這種畫面。雪之所以形成這種模樣，是因為雪的聚合體——積雪具有黏性。

關東地區也能看到的「雪繩」，與雪簷源自相同原理。當雪在陽台扶手等地方積聚並且隆起，隨後又吹起了風，本應該被吹動的積雪卻因為其黏性而與風力對抗，形成像蛇一樣的曲線攀附在扶手上，這就是「雪繩」。

大家經常以為雪繩是雪國特有的現象，其實關東也會出現。

提到雪的黏性，還有一種名為「雪卷」的現象。這是僅有部分雪層被捲起，經滾動後變成滾筒狀的雪景，簡直就像是大自然創作的「雪人」。

當天氣晴朗、積雪又有一定厚度的日子，請從積雪處的旁邊挖挖看。在挖到上方微微透光的位置時，有機會看見裡面發出藍色的光。這跟冰河看起來帶有藍色是同樣的原理。

因為含水量多的濕雪或冰會吸收長波長的紅光，但容易被藍光穿透。尤其是不含雲滴的結晶所形成的積雪，因其表面不會凹凸不平，透光量較高，所以雪就變成藍色了。在白雪中突然出現藍光，這可是只有雪天得以見到的美景喔。

準備好要結凍了

天空每分每秒都在上演新的劇場，其中有幾種現象我們用周邊物品就能夠親自實驗。接下來，我要介紹如何使用寶特瓶捕捉「水組成的雲滴變成冰晶的瞬間」。

看著過冷水結凍的快感

雖然水變成冰的凝固點為零度，但並不表示「水在零度時一定會結凍」。冷凍庫製冰盒裡的水其實也很少在零度立刻結凍，而是在零下十度左右的極低溫才凝固成冰。特別是蒸餾水或不含雜質的水，倘若採靜置方式慢慢降溫，它們並不會結凍，直到溫度低於零度仍會維持液狀。這種狀態稱為「過冷」。

處於過冷狀態的水，只要稍微施加衝擊，就能看到它瞬間結凍的樣子。

首先，把裝有蒸餾水的寶特瓶放入冷凍庫，製作過冷水。接著，用手指彈敲寶特瓶給予刺激，或是把碎冰丟進去裡面，此時過冷水就會開始慢慢結凍。

為什麼會出現這種情形呢？因為已達凝固點的過冷水早已做好「結凍準備」，只不過，它們正處於想要結凍卻無能為力的狀態。

現實情況下的雲也是如此。日本夏季的天空，氣溫在高度約五公里處會降至零度，再更往上就會低於冰點。浮在寒冷半空中的雲，照理說隨時都能夠結冰。實際上，雲的內部即使達到零下二十度的低溫，也經常出現「雲滴依然維持在過冷水狀態」的現象。

雲滴是以空氣中的懸浮微粒或氣膠作為凝結核所形成的，當其凝結核為硫酸鹽或海鹽等水溶性物質，就會變成液狀的雲滴。空氣中約每一立方公分，就飄著數百至數千個能夠形成液狀雲滴的核心物質，數量相當可觀。

另一方面，空氣裡能形成冰晶的氣膠卻極為稀少，每一公升（一千立方公分）頂多只有數個，因此很難形成冰晶。

過冷水也是如此。依原理來說，水應該以零度為界，出現融化或結凍的現象。但是，水若沒有作為凝結核心的雜質，就很難凝固，反而持續不斷地變冷。此時若冒出能夠當作核心的東西，水便會漸漸結凍了。

如果對過冷水施加刺激的情況是發生在雲的內部，就會產生「霰」和「雹」。

霰和雹的差異

積雨雲內有很強的上升氣流，水滴被強勢抬升之後，便形成無數過冷狀態的雲滴。

這時若開始降雪，雪的結晶和過冷狀態的水狀雲滴結合，結晶表面會因此結凍。雪帶著過冷雲滴一面旋轉並逐漸增大，就成了霰。所謂的霰，是指直徑小於五公分、從天而降的冰粒；假如直徑超過五公分，就會被歸類成雹。

霰向下掉落的時候，若遇到溫度高於零度的氣層，表面會稍微融化，形成一層水膜。表面呈現融化狀態的霰，如果又被積雨雲的上升氣流推回低於冰點的氣層，水膜將會結凍並吸附新的過冷雲滴，待其體積變重後再度落下……霰不斷重複這段垂直運動，最終就會變成雹。

從雹的剖面來看，我們會發現裡頭有透明和偏白的部分，它們像年輪般層層垂直運動。白色層是吸附雲滴後凝固，進而產生含有空隙的部位，而透明層則是結凍的水膜。

霰（上圖）
雹（下圖）

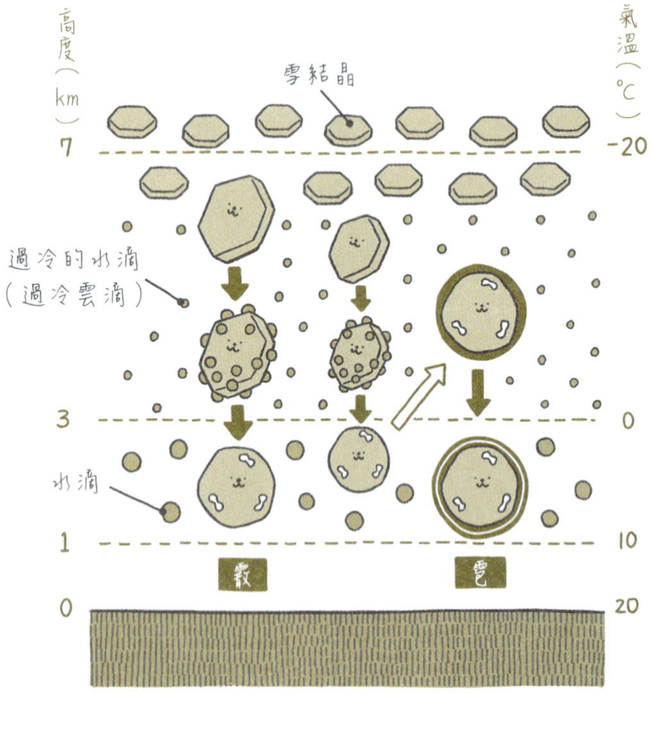

霰與雹的形成原理

「霰」與「雹」的巧妙字形

「霰」是雨字頭加一個散字；「雹」是雨字頭加一個包字。這兩個字形，其實已各自表現出它們成長過程的特色。

霰落到地面後會滾動著散開，雨字頭再加散字，正好反應了霰的物理性質。

至於雹字，請大家回想雹的形成過程。當霰向下掉落，使得表面融化成包覆本體的水膜，然後又被抬升，水膜再次結凍，接著再一邊吸附新的過冷雲滴，一邊下落，體積經此反覆循環而逐漸增大……由此可見，雹是在形成期間多次被「包覆」，才慢慢變成大冰塊。雹的這種物理特徵，完全展現在它的字形上，真是令人驚訝。

根據日本《雨字頭漢字讀本》（作者：圓滿字二郎／草思社出版），聽說古代中國認為霰是和平的象徵，而雹則代表一種亂世徵兆。實際上，四周若下起冰雹，代表上空存在發達的積雨雲，也就是天氣不穩定的時候。

穿洞雲

戲劇性的穿洞雲

「穿洞雲」是天上有卷積雲或高積雲時，中間出現一個大洞的景象。其中特別容易出現穿洞雲的卷積雲位在高度十公里處的高空、四周為零下三十度的寒冷環境，其雲滴是由過冷水所組成。

此刻的雲滴處於想結凍又無法結凍的狀態，但若遭遇紊亂的氣流，就會立即變成冰晶。然後，冰會吸收周圍的水蒸氣，開始快速成長。

在冰成長的同時，空氣逐漸流失水蒸氣。為了彌補這一點，過冷雲滴就會蒸發，提供新的水蒸氣。「水明

穿洞雲的成因

明可以結成冰卻無能為力」是一種不穩定的狀態。因此，「想趕快穩定下來卻無法結冰」的雲滴，遇到周圍水蒸氣不足的狀況，就會追求穩定性而主動蒸發。

結果，雲中的冰雖然順利成長，但雲滴卻蒸發掉了，導致雲層消失，在天空中變成一個「洞」。

除此之外，在穿洞雲的中心位置，還有機會看到一層表面模糊又滑順的雲。這是由冰晶形成的雲。這種從上空落下的冰、雪結晶或者雨水，到了中途便會蒸發，隨著風吹而消散，外觀看起來有如一條尾巴，因此被稱為

「幡狀雲」。

天空中的卷積雲相當有意思，不但會形成具有絢麗彩虹色的彩雲、暈及弧，也會表現出過冷水轉變成冰的瞬間。大家仰望天空時，不妨好好感受一番卷積雲充滿戲劇化的一生。

清晨腳下的霜柱

冰不只見於天空，也會出現在地面上，其中最具代表性的便是「霜柱」。

在冬天的寒冷早晨，用腳踩踏土壤凸起的地方，耳朵會聽見一陣沙沙聲。這是潮濕的土壤表面經過夜間輻射冷卻作用，使得溫度下降而產生的現象（左頁圖①至③）。

夜間的輻射冷卻將地表附近的溫度降至最低，表面因此結凍。然而，地面下仍很溫暖，水並沒有凝固。這時候就會發生「毛細管作用」，指的是「細長管狀物體內部的液體，不需藉由外力就會沿著管內移動的物理現象」。當土壤裡的水不停地被向上吸到結凍的地表面，這些水也會從上方開始結凍，變成柱狀凸起的

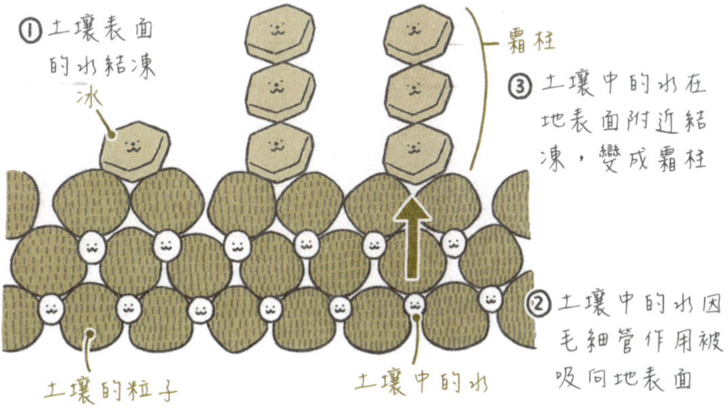
①土壤表面的水結凍
冰
霜柱
③土壤中的水在地表面附近結凍，變成霜柱
②土壤中的水因毛細管作用被吸向地表面
土壤的粒子
土壤中的水

霜柱的形成原理

霜柱。這般說來，原來大家平時不做多想就踏碎的霜柱，其實也是一種物理現象喔。

由於吸了水的潮濕土壤表面很容易形成霜柱，假如家裡有庭院或家庭菜園，可以趁晴朗的夜晚，且氣象預報說隔日清晨的氣溫將會下降好幾度時，在晚間先把土壤稍微鬆開，然後在上面澆水。到了隔天早上，你就會看見漂亮的霜柱了。

在家庭菜園種植蔬菜很花時間，但霜柱「只需要一晚」就能長大。大家不妨在腦中想像霜柱成長的原理，偶爾「採收」一部分的霜柱來看看。

使用手機鏡頭放大觀察自己收穫的霜柱可以看到清晰的結構，相當有趣。等你觀察完了，再將霜柱踩碎，享受腳下傳來沙沙聲的快感吧。

霜結晶的灰姑娘時刻

在冬天的早晨，地面上會有一層白色又閃閃發亮的東西，它就是「霜」。看起來呈白色的地面，其實是在土壤或草等表面上冰的結晶逐漸生成的結果。當我們遠遠看去，只會覺得它們又白又亮，用智慧型手機的微距鏡頭觀察的話，就能看清楚美麗的霜結晶。

有些霜長得像花朵一樣，有些則是細長狀的。雖然霜結晶並沒有正式分類，不過經過我和冰雪研究家合作觀察，我依結果將霜結晶分成角柱狀、杯狀、針狀、板狀、扇狀、多重板狀、貝殼狀、樹枝狀、冰晶聚積型這九大類型。

當水蒸氣越多，霜就會成長得越大；如果是以動物毛髮之類的物質作為核心，霜就容易變成針狀。不過，又如同雪結晶，霜也絕對不會出現完全一樣的形狀。

霜結晶最美麗的時刻，是在朝陽的照耀下稍微有點融化的瞬間。儘管霜一旦

各種霜結晶

暴露於晨光下就會立刻開始融化，但光線打在冰上會產生折射，因而形成彩虹色的光芒。在逐漸融化間綻放出彩虹色光輝——我將這個如夢似幻的時間稱為「灰姑娘時刻」。

想要看見霜結晶的灰姑娘時刻，必須滿足幾項條件。首先，最低氣溫必須僅有幾度，並且是弱風晴朗的早晨。如果是萬里無雲的草地，更容易發現霜的蹤跡。

另外，氣象預報裡常提到的「最高氣溫」和「最低氣溫」，是以地表面上方一至兩公尺高度的氣溫為基準。由於夜間的輻射冷卻作用，空氣會從

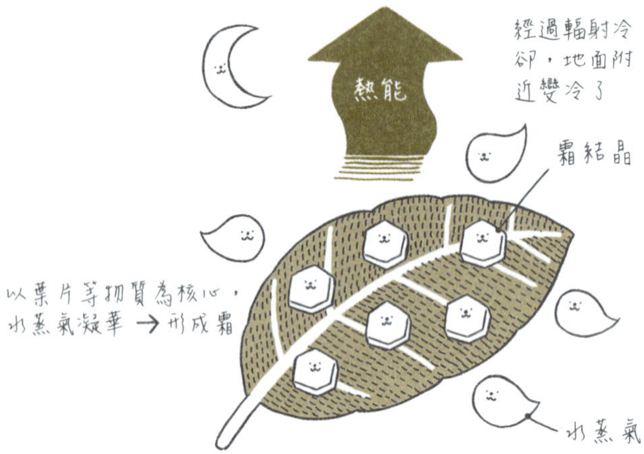

霜的形成原理

與地面相鄰的位置開始變冷，因此就算早晨的最低氣溫還有好幾度，地表附近的溫度卻常常低於冰點，這滿足了霜成長的所需條件。

大家若用手機拍到霜結晶的照片，請加上「#霜活」標籤，上傳到X（Twitter）或Instagram上吧。用這個標籤搜尋，你會看見許多觀察霜的同好所上傳的照片喔。

其實「#霜活」這個標籤，是發起觀察雪結晶的「#關東雪結晶計畫」的暖身活動。因為日本本島的太平洋側降雪機會不多，而霜的大小和雪結晶差不多，加上在冬季早晨很容易看見，因此用霜結晶來練習手機的微距攝影剛好是最合適的。經過許多人的宣傳，如今「#霜活」好像已經變成某種程度的文化風潮了。

請善用天氣預報，一旦發現隔日早晨將是晴朗天氣、氣溫又僅有數度，就在上班前繞去公園看看吧。或許有機會一睹草皮上覆著亮晶晶的霜，既美麗又夢幻的灰姑娘時刻。

「想看霜結晶，卻又不想等到冬天……」如果你這樣想的話，可以改觀察冰棒表面形成的霜結晶（第六四頁）。在夏天也能利用冰棒體驗「#霜活」喔。

向水表達「感謝」不能改變結晶形狀

雪、冰和霜的結晶總是美到令人神魂顛倒，忘記時光的流逝。但是，這些終究是透過精巧的物理現象而產生的自然景象。

過去曾有一本介紹冰結晶圖片的暢銷書，內容似是而非地提到向水表達「感謝」，就會長出美麗的結晶。這種說法是完全沒有科學根據的。

現在科學已經證明，雪結晶或冰晶的形狀是依據氣象條件及水蒸氣量而定。

人們的想法或感謝的心意，並不會對物理現象造成任何影響。日本雪冰學會也曾發表論文，指正這則散播的謠言。

請大家不要聽信謠言，用科學的方法來欣賞結晶吧。

與霧的邂逅，與雲海的相遇

好想進入雲裡面——你是否也有過這樣的夢想呢？其實，就算我們在陸地上，有時也能進入雲中。那個雲就是「霧」。

人在地表卻身處雲中

平時我們最容易看到的霧名為「輻射霧」。

在天氣晴朗的夜晚，地面溫度因輻射冷卻，使得地表附近空氣變冷而飽和，於是變成雲滴。霧其實是一種和地面接壤的雲，所以踏進霧裡就能體驗身在雲中的感覺。

霧可分成幾個種類，其中發生在海面上的稱為「海霧」。如果有溫暖潮濕的空氣流到寒冷的海面上，近海面的冷空氣便會轉為飽和而形成霧。這種由空氣平移所產生的霧，在分類上稱為「平流霧」。

還有一種霧是由冷空氣流向溫暖的地面或水面所形成，此為「蒸氣霧」。比如農田等場所，當裸露土壤的地面處於溫暖狀態，但上方空氣冰冷，便會產生如蒸騰熱氣般的霧。同樣現象也能見於河川，在日文中稱之為「川霧」。

海上也會發生相同原理形成的蒸氣霧。譬如陸地的冷空氣化為弱風，吹向海面，使得溫暖潮濕的海上空氣溫度下降達到飽和，此時便會出現像熱氣一樣的霧。

輻射霧（上）、平流霧（中）、蒸氣霧（下）

依此原理在海面上生成的霧，日文稱為「氣嵐」。

此外，有暖鋒帶來零星降雨時，雨滴會蒸發成水蒸氣，接著又迅速凝結成雲滴，因此形成所謂的「鋒面霧」。

大家要把握出現輻射霧的時候，這是觀察「霧虹（白虹）」（第一五七頁）及「布羅肯奇景」（第三十四頁）的好機會。當夜晚下過雨，天氣預報又發出濃霧警告時，隔天一早就有可能出現濃霧。

趁著天色未明的日出前，確定安全無虞之後，把車子停在還算寬闊的地點，將車頭燈調至遠燈。接著請背對車子站在車頭燈前方，此時霧虹就會出現在眼前，內側還能看見自身影子被一圈彩虹色光環圍繞的布羅肯現象。

由於霧和雲的濕度都是100％，相當「潮濕」，所以踏進裡面時不僅身體會變濕，視野也會變差。不過，站在霧裡深呼吸，能夠吸入好幾萬顆，甚至是幾億顆的雲滴到自己體內。想到能夠跟雲融為一體，內心忍不住就一陣激昂呢。

不過，在市中心或工廠區深呼吸的話，可能會不小心吸入霧裡的污染物，請務必在空氣品質良好的地點嘗試。

從雲海平台看見的雲海

在市中心也能眺望雲海

登山客最熟悉的「雲海」大多發生在春季至秋季，此時霧和雲因輻射冷卻而積聚在山間盆地。看見山峰有如海島般浮在雲之海上，真的很夢幻。

北海道的「星野 Tomamu 度假村」有一座凸出在半空中，可以遠眺雲海的「雲海平台」。從夏季到十月份，這個地點的低空區域容易出現雲。雲海平台利用此地形特徵讓民眾在條件適合的日子，可以近距離欣賞到凹凸不平的層積雲，以及雲頂平滑的層雲交織而成的雲海。

我們經常以為雲海只能在某些特別的地方才有機會與它相遇，但事實上，雲海在很多地方都看得到。

輻射霧通常會出現在距離地面約十公尺的低氣層，所以從高樓建築物俯瞰整片的霧，就等於是俯瞰雲海。請特別留意前一天傍晚至晚間發布的隔日清晨濃霧警告，就有機會看到喔。

觀測「天空」

我們日常生活中的天氣預報來自氣象觀測。觀測方法有好幾種，其中最重要的是低誤差且高可信度的「直接觀測」。

如何觀測天空氣象

第一個先來介紹知名的「AMeDAS」。

AMeDAS的正式名稱為地域氣象觀測系統（Automated Meteorological Data Acquisition System），通常取其縮寫簡稱為AMeDAS。這個系統針對降雨量，在日本全國約一千三百個地點安裝設備並進行觀測，其中約八百四十個地點能夠自動偵測氣溫、濕度跟風。在多雪地帶，則約有三百三十個地點能觀測積雪深度。

另一個很重要的是「無線電探空儀」（Radiosonde），用於測量上空的氣壓、氣溫、濕度跟風。無線電探空儀會裝在氣球上，全世界同時升空（日本分別是在早上及晚上九點，一天兩次），然後透過其提供的資料分析大氣狀態，做為天氣預報的起點。

海洋方面則由「海氣象觀測船」或漂浮的海氣象浮標，觀測海上空氣及海水溫度。在高空的部分則是由民航機協助搜集高空氣象資料，用於天氣預報。

如果要推測遠端地點的狀態，「遙感探測」是一種有效的方式。另外，也有透過電磁波觀測雨水和雪的氣象雷達，以及調查高空風的剖風儀。陸地雷達無法看見的海上觀測，還能由氣象衛星提供輔助（第一四〇頁）。

日本氣象衛星「向日葵」拍下的照片

遙感探測畢竟只是一種推估結果，使用上必須注意當中的誤差。另一方面，直接觀測雖然比較精準，但都是點狀資料，通常會配合可觀測廣域範圍的遙感探測來做統整。

用雷達掌握數據

我所隸屬的氣象研究所裡有好幾種雷達。

首先是設置在本館屋頂的「雙偏極化都卜勒雷達」。

雷達是利用電磁波發射及接收回彈訊號的時間差，來觀測正在下雨或下雪的地點。而且，根據反射回來的訊號（回波）強弱，還能得知雨勢或雪勢的強度。

現在利用都卜勒氣象雷達，我們可以知道「降水粒子的目前動態」——也就是雲中的「氣流結構」。因此，我們也能檢測出積雨雲中的小型低氣壓（中尺度氣旋），計算「龍捲風的發生率」。

都卜勒雷達是利用「都卜勒效應」，即「移動物體傳來的波源（電波或音波）波長，會因移動速度產生變化」的原理，透過波長差異進行資料分析。

雙偏極化雷達則是都卜勒雷達的升級版本，可以朝垂直和水平兩種方向發出電磁波。

透過垂直和水平方向的反射波長大小，我們能夠準確推測出雲微物理結構如雨滴形狀、雪的種類，甚至是雹，並觀測到高準確度的降水量。說不定在不久的將來，我們便能把「現在何處正在下什麼？」化為實際可見的即時訊息。

還有一種雷達叫做「相位陣列雷達」。一般的雷達掃描整體天空需要五至十分鐘，而相位陣列雷達僅需三十秒就能完成。多虧有這種雷達，我們已經可以詳細確認積雨雲的內部結構變化，以及龍捲風生成的過程。

除此之外，氣象雷達可不只能捕捉到雨和雪，還能反應成群的昆蟲、候鳥、火山灰、大規模野火產生的煙塵。尤其是蚊子這類容易漂浮的昆蟲，牠們會在晴朗的白晝被互相碰撞的鋒面吹往上空，而且昆蟲跟雨滴恰好差不多大小，能讓我們觀測到名為「晴天回波」的微弱訊號。

當昆蟲隨著高空的風漂浮，被都卜勒雷達接收到牠們產生的晴天回波，我們便可了解高空風的狀態。過去也有相關研究使用這些資料進行模擬，重現互相碰

雙偏極化都卜勒雷達的原理

撞的風，結果順利計算出難以預測的大雨。昆蟲居然能對大雨預測做出貢獻，此事實真是令人驚訝。不僅如此，如果有雙極化（垂直與水平）的資料，還能分析出目標是哪一種昆蟲。

近來學界也已研發出加上雙極化功能的「相位陣列雙偏極化雷達」，讓研究能夠更加深入。

天氣預報的製作過程

我們每一天的生活都缺少不了天氣預報。今天該帶雨傘出門嗎？週末要怎麼安排行程呢？何時晾衣服比較好？每當遇到這些問題時，大家的第一個反應，應該都是看電視或網路上的天氣預報吧。

天氣預報是怎麼製成的？

那麼天氣預報又是如何製作的呢？首先，由專家透過氣象衛星和無線電探空儀觀測大氣狀態，然後以此為出發點進行模擬，開始統整天氣預報。而預測高空大氣變化的計算工作，則是交給電腦處理。

基本上，我們會使用「時間微分方程式」來運算。透過連續計算運動狀況，推估「目前位於天空某處的物體依此速度運動，五秒後會到達哪裡？」再進一步猜測未來的大氣動向。

我們不只需要空氣流動的資料，還需要雲中粒子的狀態、太陽光的照射方式、空氣升溫的方式、地表面的狀況等等，把所有已知的各種物理條件輸入程式，讓超級電腦去運算。

這種模擬大氣環境的運算程式稱為「數值預報模型」。數值預報模型有數個類型。目前日本氣象廳所使用最具代表性的模型，分別是以地球整體橫向每十三公里為間隔計算的「全球模型」；以日本周邊每五公里為間隔計算的「中尺度模型」；以及更加細化，以日本周邊每兩公里為間隔計算的「局部模型」。

局部模型會每小時更新針對十個小時後的狀況預測，更新頻率很高，所以在航空氣象需要「當下時刻天空的詳細資訊」時相當有幫助。

然而，這種氣象運算的成本高昂，不適用更久之後的預報。關於今日及明日的天氣預報，主要是使用中尺度模型。如果要更之後的天氣預測，就要使用全球模型。這些模型的性能、計算領域、預報時間等等，都會隨著氣象專家投入的心力和電腦科技的進步，不斷日新月異，變得更加充實。

數值預報模型的計算結果，會將氣溫、氣壓、風等情報轉為相關資料，對人類而言要解讀這些數值資料是個浩大工程。此外，模型基本上無法表現出比計算間隔

AI與人類

更細微的現象，也沒辦法考慮到更詳細的地理特徵或周遭環境。

不過，透過人工智慧（AI）以機器學習方法產製的「指引」（Guidance），能夠根據每個地區的特徵，將數值預報模型本身的系統性誤差列入考量，而且能把數值預報模型的資料轉化為人類能讀懂的「晴時偶陣雨」或「降雨機率百分比」等語言。

關於AI，許多人會以為這是最近才開始普及的科技。其實從很久以前，人類就在運用各種AI了。指引便是利用稱為「神經網絡」的技術所製作，這種技術是在電腦上模仿人腦的運作方式。

機器學習（Machine Learning）歷史悠久，早在一九四三年就有人提出第一個相關理論。最近更為流行的是「深度學習」（Deep Learning），它和機器學習的差異在於電腦本身會決定哪些資料特徵需要注意，不需要由人類下指令。目前學

界正在研發將預測技術加入深度學習的新科技。

經過數值預報模型跟指引的統整，天氣預報算是完成了基礎部分，但是編寫預報腳本仍是人類的工作。現在的數值預報模型尚不完善，有許多現象無法確切呈現。

最終，我們仍無法缺少氣象預報專家，他們會使用實際觀測資料進行對照，並評估數值預報模型的可信度及合理性，做出像是「這份預測雖然是這樣，但跟觀測結果不一致，前一份計算報告比較可信」之類的分析。

有人說：「有AI就不需要氣象預報員了。」在現階段這是絕對不可能發生的事。AI的準確度來自於人類供給它學習的資料，在原理上仍舊無法適當提出會引起災害的罕見現象。

再者，我們還有很多氣象狀況未徹底解開謎團，若不能提升模型的準確度，很多現象仍無法預測，人類要學習的課題依然堆積如山。

話雖如此，氣象預報專家也不能「全靠自身經驗」進行判斷。經驗固然重要，但這是指「模型如何呈現實際現象，模型的計算結果是否合理等等，透過科學思維進行判斷而累積的經驗」。倘若沒有科學根據，全憑感覺預斷的預報，那只能說是一種「誤打誤撞」。

如果有氣象機構的指引，就能做出「有模有樣的天氣預報」，而準確度很高的中尺度模型指引更能達到某種程度的成果。然而，氣象預報員若只會仰賴指引，當模型錯估情況時，他們的預報當然也會跟著出錯。

現代氣象預報人員需要的能力，是深入了解模型的運算原理和其特性（譬如該模型會如何呈現某種現象），並且掌握氣象成因，在讀完實際觀測資料後，懂得如何判斷模型的可信度及合理性。所謂的天氣預報，都要經過這些繁複的工程才能夠順利完成。

了解天氣預報的含義

接下來，我想問大家一個問題。

請問降雨機率100%的雨，會是怎樣的雨呢？

答案可不是百分之百會下大雨的意思喔。降雨機率指的是「預報期間，目標地區會有一公釐以上降雨量的機率」。所謂降雨量一公

大氣不穩定的天空出現閃電

釐，大概是不撐傘的話會有點淋濕的程度。即使降雨機率數值很高，降水量也不一定會很多。

降雨機率的數值只是容不容易下雨的指標。所以即使是「大氣不穩定」且「降雨機率為30％」，有可能出現超級大雷雨；即使是「降雨機率100％」，也有可能只是綿綿細雨。

當你聽到天氣預報說「大氣不穩定」、「局部地區有閃電」時，請把它想成「有可能出現積雨雲」的意思。雖然我們很難準確預測積雨雲的發生時刻和位置，但可以預估怎樣的天空有機會形成積雨雲。

看見「大氣不穩定」、「降雨機率為30％」這樣的訊息，請了解這是氣象預報專家經過層層討論、深思熟慮之後才決定的數字，也許會有種窺見天氣預報工作內幕的感覺呢。還有，看到這樣的預報時，出門請記得攜帶雨具喔。

現在數值預報模型很進步，天氣預報的準確度已提高許多。每當我開始思考天氣預報的事情，我就會想起英國的氣象學家路易斯・弗萊・理察森（Lewis Fry Richardson，一八八一－一九五三）。

理察森的夢想

在他生活的一九二〇年左右，電腦尚未實用化，算式仍需要人工計算。在現代，我們是以橫向每十三公里為間隔，計算地球整體的數據，而當時的預想則是以每兩百公里為間隔進行計算。即便如此，在那年代要算出六小時後的預報，必須花超過一個月的時間，連續以人工計算時間積分法才行，這樣的預報效率實在很難實用化。

可是，理察森並沒有放棄。他主張「若能將六萬四千人聚集在一間大禮堂，由一個人擔任總指揮，帶領大家系統性地運算，就能以跟實際時間流動的同等速率，進行預測計算」，後來這個想法被稱為「理察森的夢想」。

在那之後，電腦開始出現，一九五〇年代的美國和日本將數值預報投入實際運用。到了超級電腦相當進步的現代，運算能力已有飛躍性的成長。拿日本氣象廳的超級電腦來說，如果以使用計算機的人類來比喻，等於是「地球上共八十億人口，花費約莫二十二天不眠不休共同計算的數量，只用一秒就能完成」（截至二〇二三年八月）。

可以說，「理察森的夢想」已經用超級電腦實現了吧。

第5章

感動人心的氣象學

氣象學解開的謎題

什麼是氣象？為什麼天空會時而放晴，時而下雨？那些雲的形狀代表什麼意義？高掛天空的美麗彩虹又是怎麼回事？

那些天空美景的成因

每當人類仰望天空，總是對遙遠的高空充滿無盡的幻想。然而氣象可不光是浪漫而已。對人類而言，氣象也是強烈主宰生存的要素。大雨、大雪、乾旱，甚至是龍捲風、颱風——這些氣象災害或異常氣候也會不時出現。

特別是進入農耕時代的人類，如何應對氣象問題是一項至關重要的課題。人類的糧食生產深深受到天氣或氣候變遷的影響，各種祈雨儀式也散見於世界各地。但過去「靠老天爺吃飯」的氣象，隨著人類科技進步和文明的發展，已逐漸成為一門科學。

高掛天空的美麗彩虹

那麼，何謂氣象學呢？

依照現代的定義，氣象學是「主要以物理學角度，解析大氣等氣象現象的學問」。雖然從大氣運動到雲等等都屬於氣象學領域，但研究季節性或一整年下來的長期現象，則另屬於「氣候學」。氣象學和氣候學合在一起，便統稱為「大氣科學」。

氣象學分類及相關學問

氣象學所處理的現象共分成幾個規模。比如地球規模的現象屬於「行星氣象學」；低氣壓或高氣壓這類規模為一千公里左右的現象為「綜觀氣象學」；成長到某種程度的雲和小型低氣壓是「中尺度氣象學」；而龍捲風等短時間的局部區域現象，或是都市裡建築物之間的大樓風現象，則稱為「局部區域氣象學」、「微氣象學」。

要理解大氣的物理變化，不只要懂流體力學、大氣熱力學，還要學習關於大氣流動和影響熱能變化的雲、亂流、輻射等物理學。

此外，由於大氣中發生的現象與各種物理變化有著千絲萬縷的關係，因此還須運用到許多其他領域的學問，比如統計學。現在天空是什麼狀況？之後會變成什麼樣子？想要討論這些問題，過去累積的觀測資料就顯得相當重要。關於運用大量資料這一點，「統計學」的應用必不可少。

不只如此，基於這些資料模擬未來的預測時，我們得用到超級電腦，因此還需要懂「數學」、「計算科學」，以及高效能運算（HPC）的技術。地形也經常是影響許多大氣現象的要因，所以「地理學」也是必備知識；氣象還有助於防範災害，跟「災害資訊學」有緊密的關聯性；若考慮到大氣環境造成的影響，也需要學習「環境學」。

廣義來說，大氣科學屬於涵蓋海洋、地震、火山、地質等科目的「地球科學」。既然氣象學包含在「地球科學」這個大範圍裡，勢必會與諸多領域有一些關聯。

例如，大氣中的懸浮微粒會引起化學反應，所以「化學」角度的觀點很重要；氣象學會對人體或動植物的活動造成影響，與「生物學」也有關係；而觀測大氣、雲、雨的時候，我們需要用到測量儀器，跟「工程學」也有些許交集。

氣象對於農業發展至關重要

氣象學是一門綜合學問

現代運用氣象衛星進行觀測，需要接收與傳送龐雜的數據資料，因此通訊技術是很重要的一環。在降雪地區，房子需要針對降雪量考慮結構荷重，所以建築也少不了氣象。

此外，氣象跟水壩的水利灌溉或洪水防治相關的土木工程也有關係。在防災政策或教育方面，氣象也與人文學、社會學相關；而提到保險、經濟活動、道路交通等層面，氣象亦與經濟學、商學息息相關。

當然還有「農業學」。農業很容

易受到氣象狀況左右，同時若將作物管理、森林資源管理，以及地球暖化所造成的影響，與農業模型結合起來，也能夠用於未來的預測。

若從大氣污染物質的傳播和氣溫變化會損害健康這一點來看，氣象學跟「醫學」也有關聯呢。

綜觀來看，氣象學和眾多學問都有一些關係。

與各領域攜手合作

目前我是使用名為「地面微波輻射儀」的觀測機器在研究雲的結構。為了提高觀測準確度，我曾與工程學專家（天文領域的研究學者）合作研發測量儀器。

對天文觀測的專家而言，大氣中的水蒸氣是一種雜訊。如果大氣含有水蒸氣，測量來自大氣外的宇宙所發出的輻射時，將會產生巨大誤差。因此，他們會盡量到高山上，以非常精密的方式觀測幅射狀況。

我將此技術應用在氣象觀測時，竟然能用前所未見的速度測量水蒸氣。將一項基礎技術運用在其他領域，有時會出現意外之喜，幫助研究更上一層樓。

天氣預報是生活中與我們最息息相關的氣象學。它不僅是支持社會經濟活動的一部分，也能提供防災、針對地球環境的政策規劃及實施的基礎知識，具有其社會意義。

若要討論地球暖化等長期環境問題，必須由全球共同參與和努力。氣象學、氣候學可以將所學經驗回饋給社會，算是一種「替關心地球未來的政策提供知識」的角色。

為了通曉未來

研究的時候，我一再體悟到：氣象學就是一種循環。

觀測是氣象學的基礎，所以第一步是觀察天空，了解實際上正在發生什麼現象。接著在室內進行實驗，分析其中的變化過程。透過這兩個步驟漸漸找出物理法則之後，再將其公式化，設計成可模擬的形式。

而模擬結果還需要檢驗及改進，於是必須再次研究觀測資料和物理變化的過程。透過不斷重複「觀測、研究物理變化、模擬」這三個步驟組成的循環，我們才能深入理解目標現象，提高預測方法的準確度。

話雖如此，氣象學的觀測技術本身仍不夠完善。自然現象涵蓋了各式各樣的物理法則，人類想要通曉一切還有很長的路要走。

工程學的發展一直在提升觀測技術，目前我們所在的階段，是先從物理角度探討每一種現象的本質，再建立可以模擬相關情況的系統。

觀測真是有趣

在研究氣象的過程中，「觀測」是我覺得最有趣的步驟。雖然透過觀測資料只能看到特定面向，通常只會理解該現象的某一部分。不過，自己親手收集的資料總是特別有魅力，讓人湧起「我要端出一盤好料」的動力。

最近讓我投入最多心力的事情是觀測高空的水蒸氣。

由於積雨雲只會發生在局部地區，壽命也很短，目前依舊很難準確預測。高空的水蒸氣量及氣溫狀況會左右重要的大氣狀態，影響積雨雲的形成容易度、形成後上升氣流的強度、會發展到什麼高度等等。

積雨雲

然而，對於積雨雲形成前的大氣會如何變化，其相關資料仍相當匱乏，我們還沒辦法搞清楚。為了釐清這個問題，我才會投入研發既有高準確度又能高頻率觀測高空水蒸氣量和氣溫的測量技術（第三九六頁）。

除此之外，雪的觀測也很好玩。

日本關東一年只會下幾場雪，並未發展出完善的降雪觀測網。正因如此，現在還無法完全掌握相關成因，要在關東進行雪的預報仍有難度。

在這種情況下，觀測就成了非常關鍵的步驟。收集觀測資料進行統合，有時可以觀察出自然現象的真相。

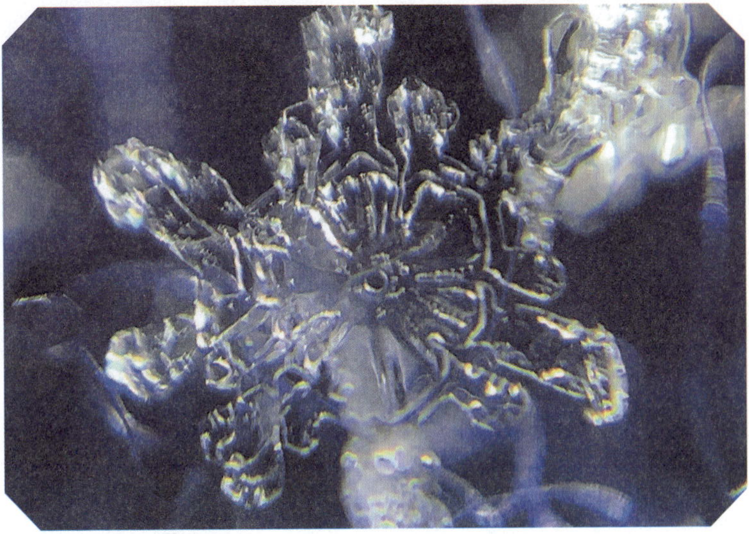

雪的結晶

觀測就像是在「收集零件」。我們一面收集零件的同時，也會發現過去並不知道的零件，然後慢慢看清事物的全貌，這就是觀測有趣的地方。等到我們能夠預測「接下來會發生什麼事」，就會感到非常興奮。

了解數值所呈現的現象

經過模擬之後，我們只會得到一堆數值。想要將它們跟已知現象結合並確實理解，我認為親身體驗相當重要。這點不僅限於研究學者，對每個人來說都一樣。當我們聽到氣象資訊說「每小時有幾公釐的雨量」，總是很難想像那是多少的雨，可是親身體驗過後就會立刻明白了。

而且大氣中有很多美麗的自然現象，能透過科學的方式，認識這些肉眼可見的天空及雲的動態等物理法則是很有趣的事。與氣象有關的物理、流體力學、熱力學，其實在日常生活中也很常見。越是深入了解，你越會發現平時的生活與天空，原來跟氣象如此緊密相關——這麼一想，你是否也覺得很感動呢？

換句話說，氣象是很貼近你我的學問。生活中有許多場景都會出現氣象的物理現象，天氣預報也會左右我們每天的活動。氣象學這門學問就是在支持我們生活的同時，也提供了我們判斷是否要改變行動的依據。

氣象學的起源

無論今昔，氣象都是很貼近人類生活的重要現象。

早在西元前三五〇〇年左右，人類就有祈雨的紀錄。

從祈雨到自然哲學

一般認為，古代希臘哲學家亞里斯多德所著的《氣象匯論》一書，對後世研究氣象的思考方式有很大的影響。亞里斯多德在《宇宙論》裡解釋了天界的星星動態，在《氣象匯論》則解析了地界關於地理、地質、海洋的自然科學。這一切的基石，終究還是來自於「觀察」。

以觀察為基礎，試著去解析自然現象成因的做法，原來從亞里斯多德時代就已經開始了。亞里斯多德僅憑觀察，就發現了太陽光是造成彩虹、暈、幻日現象的原因，是不是很厲害呢！聽說他也對水循環的蒸發、凝結等降水物理現象很感興趣。

印刷術的發明與科學革命

當時正逐步發展的自然哲學，隨著基督教的出現而受到否定。那個時候的基督教社會認為自然是神的領域，我等凡人試圖知曉神的作為是一種禁忌。

於是，自然科學的發展暫時陷入停滯。

後來，古代希臘哲學經由伊斯蘭教世界傳入歐洲受到民眾接受，各地開始設立學校，翻譯及研究自然哲學與占星學的相關著作，這就是現代大學的原型之一。在這當中，認為農業等領域應每日預測天候變化的「占星氣象學」，被人們視為一種實用的學說。

亞里斯多德

印刷術的發明是自然科學發展的轉捩點。以古希臘哲學為基礎的邏輯思維，漸漸透過印刷技術的進步而普及至大眾。如伽利略·伽利萊、艾薩克·牛頓、愛德蒙·哈雷（**Edmond Halley**，一六五六—一七四二）、布萊茲・帕斯卡（Blaise Pascal，一六二三—一六六二）等等，越來越多人投入研究天體運行及大氣運動，精密的物理法則得以完善，從此帶動起科學革命。

江戶時代的天文台

在日本江戶時代，第八代將軍德川吉宗（一六八四—一七五一）於江戶城內建設天文台，並在一七一六年留下觀測雨量的紀錄。不過，當時引入氣象學，並非把它當成一種系統化的學問看待。從世界的角度來看，日本的發展非常落後。到江戶時代後期，為了修正天文觀測的準確度，幕府才開始進行氣象觀測。隨著歐美技術在明治時代傳入日本，氣象觀測終於進入正式發展。

明治時代最先引進的是各種測量儀器。當時日本經常發生海難，根據紀錄，光是一八七四年到一八七六年間，就有超過兩千艘船隻遇難。

帶來惡劣天候的颱風及暴風雨不斷奪走無數人命，受日本雇用的外國人遂提出建議：「使用電報提前通知有暴風雨將至，就能減少死亡人數。」日本政府接受了這個提議，開始倡導暴風雨警報的必要性。

過去氣象資訊通常被視為農業或漁業發展的必要知識，而真正推進其研究進展的竟然是「防災」。到了一八七〇年代，日本政府才著手建立資訊傳遞體制。日本第一位繪製天氣圖，被認為奠定了天氣預報基礎的人是來自德國的艾爾文·克里平（**Erwin Knipping**，一八四四－一九二二）。他建立了一套系統，利用電報在相對較短的時間內收集全國各地觀測到的氣壓、氣溫、濕度、風等數據。他也統整了資料解析的方式，在一八八三年二月十六日製作出日本的第一份天氣圖。儘管當時觀測方法尚不充足，遇到很多困難，但這無疑是發展上的一大步。

氣象學的發展是建立於許多人不斷累積的新發現與成就之上。現在我們用於天氣預報的數值預報模型，其原型是由挪威的氣象學家威爾海姆·皮耶克尼斯（Vilhelm Bjerknes，一八六二－一九五一）建立的。

氣象學與研究學者

俄羅斯的化學家兼氣象學家德米特里·門得列夫（**Dmitri Mendeleev**，一八三四－一九〇七）提出元素週期表，並確立如今「無線電探空儀」運用氣球

威爾海姆・皮耶克尼斯

艾爾文・克里平

觀測高空氣象的做法。皮耶克尼斯則用「時間微分方程式」簡單計算他的觀測數據，奠定了用以預測未來狀態的模型基礎。

皮耶克尼斯發現低氣壓是引發惡劣天候的主因，於是設計出預測氣壓變化的方程式。他為天氣預報數值化的科學鋪設了前路，從此發揚光大。對於氣象學界來說，他是一位有極大貢獻的人，曾五度受到諾貝爾獎提名（但是很遺憾，他最後並沒有獲獎）。

不過，實際上的大氣非常複雜。皮耶克尼斯自己也明白，要用物理方程式解析大氣未來狀態，在現實層面

德米特里・門得列夫

路易斯・弗萊・理察森

仍不易達成，他似乎曾想過用圖來預想的做法。後來，有一位想解開他的方程式，正確預測未來大氣狀態的人出現了，他就是英國數學家兼氣象學家——路易斯・弗萊・理察森。

自大學畢業後，理察森在研究水壩時，首次試著將有限差分法運用於求解微分方程式。他是提倡即時預報，以「理察森的夢想」為後人所知的人物。在第一次世界大戰期間，即使在砲火隆隆的法國戰場上，他一邊開救護車運送傷患，還一邊做氣象預測的計算，展現對理想的執著。理察森是一位貴格會教徒，也是和平主義者，他試圖用數學的方式研究和平。

現在的天氣預報，便是建立在這些人付出的努力及夢想之上。

世界大戰和軍事機密

戰爭促進了許多科學技術的進步，氣象領域也是如此。第二次世界大戰便是加速了雷達、觀測技術，以及電腦的發展。

在氣象觀測的發展中，最顯著的進步是使用無線電探空儀進行高空氣象觀測。在這場世界大戰裡，人類開始進行包含高空在內的三維空間觀測，也就是將現今天氣預報所使用的觀測方法落實於日常用途。長期預報的軍事價值難以估計。在高空觀測網擴大之後，軍隊便著手培育氣象技術人員，人數也因此迅速增加。

第二次世界大戰期間，人們投入用電波探測遠方飛機的實驗，正式啟動雷達的研發。當時研發雷達這件事可是最頂級的軍事機密，因為在戰場上軍隊必須盡快掌握空中戰鬥機的存在。

電磁波撞擊到大氣裡的雨和雪後回傳的訊號，原本在軍事用途裡屬於一種雜

正野重方

約翰・馮・紐曼

訊，後來才成為氣象學研究工具，用來探測數百公里遠的雨和雪。這對於研究暴風雨的規模強度、行進速度有很大的幫助，意外地在氣象領域帶動發展。

隨著觀測方法在戰時逐漸進步，人們需要處理大量的數據，於是開始追求更有效率的方法，用以管理數據品質和進行計算。為這件事賦予了可行性的就是電子計算機（電腦）。

數學家約翰・馮・紐曼（John von Neumann，一九〇三—一九五七）對於開發電子計算機貢獻極大，他同時也是研發原子彈的「曼哈頓計劃」其中一員。為了測試爆炸時的流體力學，他參與電腦的開發，然後選擇氣象的數值預報作為電腦運算的測試對象。

除了他以外，若提到日本氣象學的第一人，非東京大學的正野重方（一九一一－一九六九）莫屬。正野重方了解電腦計算、求解偏微分方程式的重要性，帶動日本與美澳氣象數位預報的進步。他的門下弟子更是個個出類拔萃。譬如從陣風造成的損害程度推定風速、提出藤田級數（F-Scale）的藤田哲也（一九二〇－一九九八），以及二〇二一年榮獲諾貝爾物理學獎的真鍋淑郎（一九三一－）等人，他們都是在正野門下學習的優秀學者。

正野是引進電子計算機來執行數值預報的人。當時的大藏省（現今日本財務省）正面臨「要購買電子計算機還是公家機關建物」的抉擇，最後他們選擇了電子計算機，可見正野確實具有先見之明。換句話說，日本最早期引進的大型電子計算機，正是應用於氣象研究。氣象學可謂是今日日本電腦技術的原點之一。

現今，超級電腦的運算能力仍不斷地提升，能夠執行多種即時模擬，製作天氣預報跟防災資訊。多虧前人的豐功偉業，現代的我們才能擁有更美好的生活。

戲劇性的雨和雪

雨滴才不是可愛的水滴形狀

「雨」和「雪」都是在雲裡成長的。

由雲層較薄、僅由水構成的雲所下的雨水，稱為「暖雨」（warm rain）；曾在雲裡結成冰又融化所下的雨水，稱為「冷雨」（cold rain）。

不過，天氣預報經常提到的「冷雨」單純是指在低溫環境中降雨，體感會覺得寒冷的意思，和氣象學所稱的「冷雨」並不同。

從天而降的雨滴裡，比較大的會呈現橢圓形。大家聽到「雨滴」兩個字也許會聯想到水滴的樣子，但根據物理學，雨滴不可能變成那種形狀。雨滴還很小的時候會呈現球形，待體積越變越大就會遭遇空氣阻力，變成饅頭的形狀，到了半徑超過約三公釐的程度時便會分裂成球形，頂端絕對不會變尖。

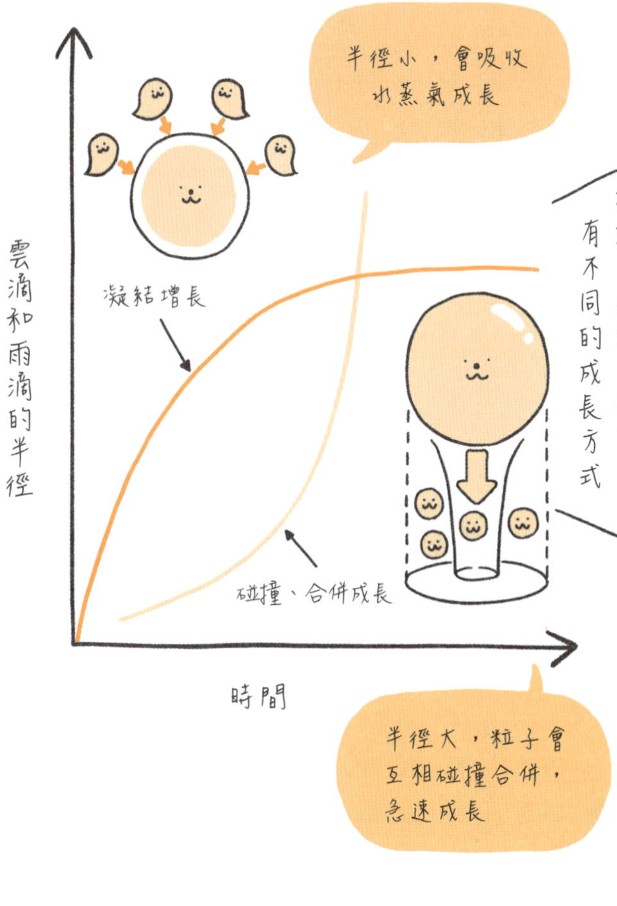
半徑小，會吸收水蒸氣成長
雲滴和雨滴的半徑
凝結增長
根據雲滴或雨滴的大小有不同的成長方式
碰撞、合併成長
時間
半徑大，粒子會互相碰撞合併，急速成長

雲滴跟雨滴的成長過程

那麼，雨滴在雲裡是如何成長的呢？

首先雲滴會從表面吸收水蒸氣，透過凝結增長而變大。球狀的雲滴隨著半徑越來越大，比還是小水滴的時候需要更多水蒸氣量來幫助成長，因此雲滴長到雨滴大小時，成長速度會開始減弱。

但是，雲裡有許多不同大小的雲滴和雨滴，下落速度會隨著其體積而改變，因此大雨滴跟小雨滴會在互相碰撞合併後變大，加快成長速度。

雨滴的這種成長過程和人類的社群很相似。當有趣的人聚集在一起，群組就會開始擴大。到了各種不同類型的人都會加入，使得群組變得過度龐大以後，內部就會出現對抗力量並因此分裂——雨滴的成長正帶有這種戲劇性的「人性」。

雪與冰的類型超過一百種

在含有冰的雲內部，究竟會發生什麼事呢？

當雲裡的水滴結凍時，就會形成冰的結晶——「冰晶」，並且持續吸收水蒸氣而增大（凝華增長）。冰晶從最初形成的時候就是六角柱狀。這是因為由一個氧原子和兩個氫原子組成的水

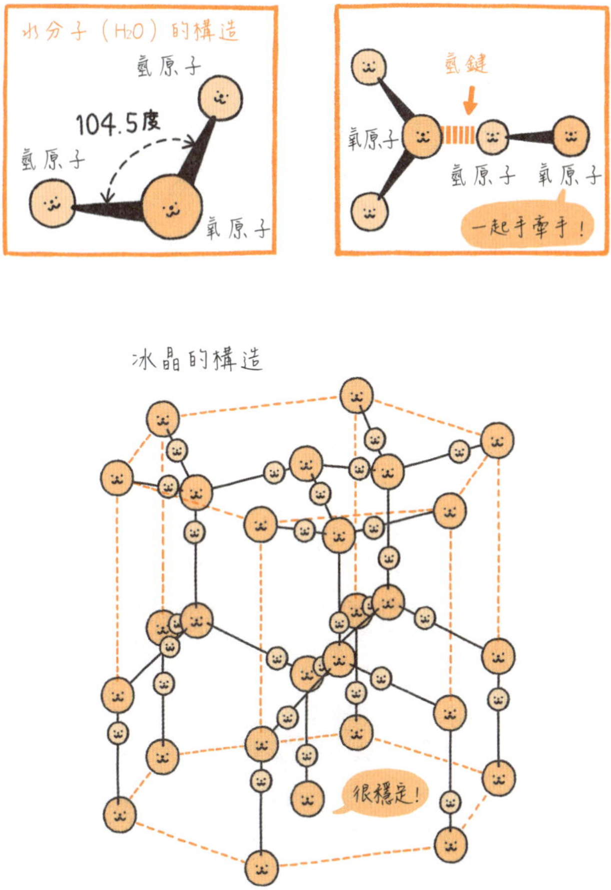

冰的結晶（冰晶）的構造

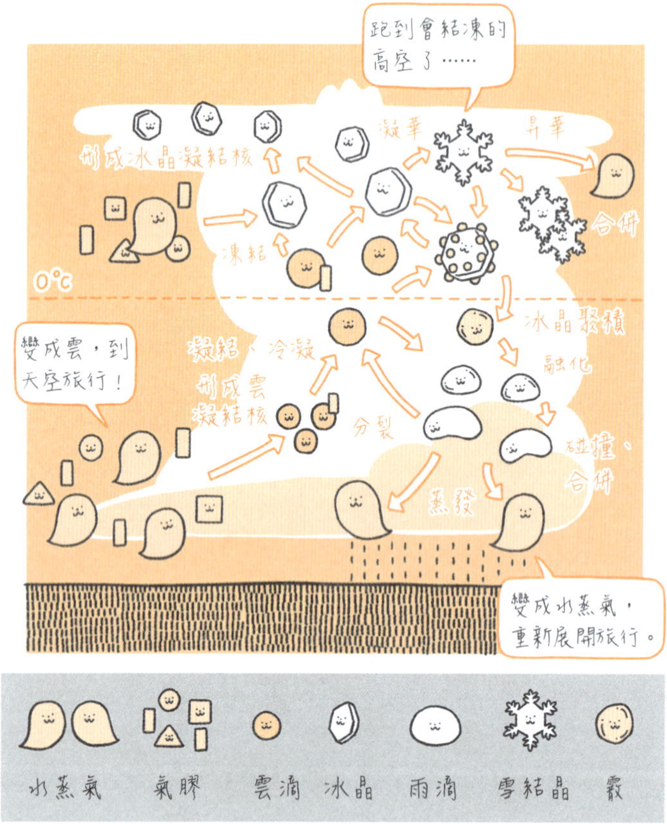
跑到會結凍的
高空了……
形成冰晶凝結核
凝華
昇華
凍結
合併
0℃
冰晶聚積
融化
凝結、冷凝
形成雲
凝結核
分裂
碰撞、
合併
蒸發
變成雲，到
天空旅行！
變成水蒸氣，
重新展開旅行。
水蒸氣
氣膠
雲滴
冰晶
雨滴
雪結晶
霰

雲中粒子轉變的過程

分子，能夠形成穩定結晶構造的最小單位就是這個形狀。

溫度會影響六角柱結晶的成長形狀，有時垂直長成針狀，或是往橫向擴展成六角板狀，還可能從邊角延伸分枝形成樹枝狀。如果水蒸氣量很多，結晶會成長為更大且更複雜的形狀（第二一三頁）。增長後的結晶從天空飄降成為「雪」。

像積雨雲這類內部有強烈上升氣流的雲，裡頭有大量過冷雲滴。當雪結晶從高空落下，過冷雲滴會和雪結晶結合在一起而瞬間結凍，化為「聚積冰晶」，然後一邊旋轉飄降，在滾動中變成霰（聚積作用）。因此，下著冰霰的雲，通常都具有強烈上升氣流。

從天際飄然落下的大雪片，也被日本人稱為「牡丹雪」。這種雪片並非單一的巨大雪結晶，而是由多個結晶重疊形成（合併增長）。特別是在容易纏成一團的樹枝狀結晶最適合成長的負十五度左右，或是稍微低於零度、過冷雲滴最能發揮黏著劑作用的溫度下，經常會形成這種雪。

另外，雪的結晶有諸多種類。依照日本雪冰學會提倡的「雪結晶、冰晶、固態降水的全球分類」，包含雨夾雪及冰雹在內，總共有一百二十一種。

當地表附近氣溫較低，雪和霰不會在降落的過程裡融化，如果氣溫偏高，它們便會融化成雨水。

一般認為，日本國內的雨水，大多屬於經過冰凍的「冷雨」。

我們在雨天撐傘外出時，那些撞到傘面後滑落的雨滴，其實都是從遙遠高空的零下世界降下來的。對我來說，下雨天能夠親身體會雲和雨的大自然現象，是非常寶貴的時間。

傾盆大雨和綿綿細雨

積雨雲是典型會帶來傾盆大雨的雲種。積雨雲擁有強烈的上升氣流，所以雲滴在成長期間會被帶往上空。當雲滴在過程中暫時凝結成冰後，冰晶比雲滴更容易吸收水蒸氣，於是粒子快速成長，使得降水強度增加，有機會降下大雨。

另一方面，像雨層雲這類範圍廣大、上升氣流比較緩和的雲種，通常會帶來長時間持續且稀疏的小雨。雨層雲往往會在暖鋒或滯留鋒的北側形成，因此梅雨季常見的綿綿細雨就是雨層雲造成的雨水。

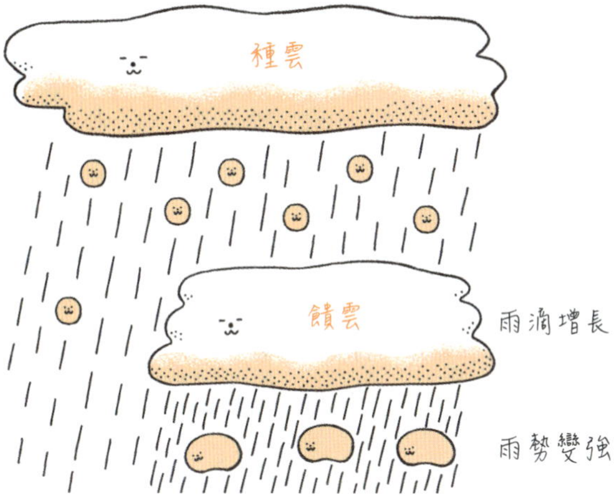

種饋機制

雖然降雨方式是依雲的性質而定，不過層狀雲受到某些關鍵因素影響，有時也會提高降水效率。其中一個要素，就是所謂的「種饋機制」。

其原理是空中有超過兩個雲層相疊時，從上方的雲落下的雨滴會穿過下方的雲，繼續跟其他雲滴合併增長，因此提升了降水效率並增加雨量。這樣的模式就像上方的雲層播下種子（種雲）餵給下方的雲層（饋雲），所以才取這個名稱。

「種饋機制」會在天空的任何地方發生，尤其是山的迎風坡。假設天空正好有下雨的雲層，當下層的潮濕空氣被強風吹拂撞擊山巒時，會在山坡上方形成水雲。此時上方雲層若也在降雨，雨滴和雲滴發生碰撞與合併，雨勢便會增強。

雪也會有同樣的情況。當上方正在下雪，底下又有過冷水組成的水雲，就會發生「冰晶聚積」，使降雪集中在局部地區。

這個機制也會令颱風或低氣壓靠近時，山坡面等地形附近的雨和雪進一步增強，演變成引發災害的原因。

某種程度來說，大範圍淅淅瀝瀝下著小雨的層狀雲還算容易推估，但局部地區雨勢和雪勢增強的情況有時卻很難精準預測。因此學界還在針對實際狀況的分析、監控以及預測進行研究。

為什麼會夏熱冬寒？

地球上的氣溫是由輻射量決定的。所謂的輻射，是指所有帶有熱能的物體發出的「電磁波」。當我們把手靠近點火的瓦斯爐肯定會覺得很熱，

氣溫變化的原理

但就算遠離一小段距離依舊可以感受到熱力。我們即使遠離遠紅外線電暖器還是會覺得溫暖，這都是電磁波輻射為我們傳遞熱能的緣故。

波長對電磁波的特性有巨大影響。波長比可見光中的紫光更短的波，稱為紫外線；而波長比紅光更長的波，是名為紅外線的區域。

此外，太陽光是以紫外線、可見光、紅外線等光能重疊的形式，傳遞到地球上（太陽輻射）。相對地，從地球反射的輻射則稱為地球輻射，主要是紅外線。

當溫度越高，越會強化短波長的電磁波輻射，此現象稱為「維恩位移定律」。

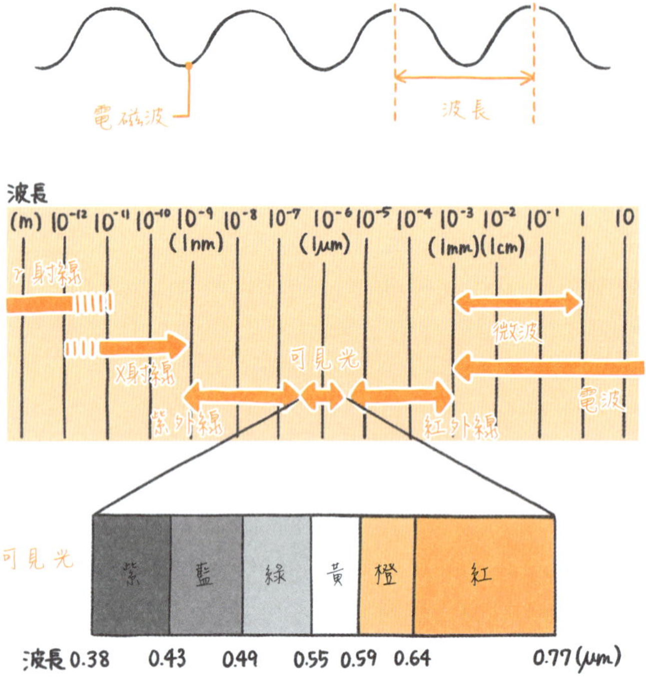
電磁波
波長
波長
(m) 10⁻¹² 10⁻¹¹ 10⁻¹⁰ 10⁻⁹ 10⁻⁸ 10⁻⁷ 10⁻⁶ 10⁻⁵ 10⁻⁴ 10⁻³ 10⁻² 10⁻¹ 1 10
(1nm)
(1μm)
(1mm)(1cm)
γ射線
X射線
紫外線
可見光
紅外線
微波
電波
可見光
紫
藍
綠
黃
橙
紅
波長 0.38
0.43
0.49
0.55
0.59
0.64
0.77 (μm)

電磁波的種類

我們在鍛造場看見鐵受到高溫加熱後，顏色會從紅色轉為黃色，便是因為溫度改變了波長。

太陽輻射及地球輻射的平衡，解釋了一天當中的氣溫變化以及季節的更迭。

容易出現最高氣溫的時間

太陽從日出後逐漸爬升，到達南方位置時正好位於至高點。由於太陽仰角越大，地表受到的輻射量越多，因此正中午會達到輻射量高峰。

進入午後時段，受熱而升溫的地表朝宇宙釋放熱能的輻射也會開始增強，所以氣溫會達到最高點。這就是下午兩點左右通常會觀測到最高氣溫的原因。

另一方面，在太陽尚未露面的夜間，因地表發出熱輻射而使地面變冷的輻射冷卻現象特別有效，因此最低氣溫往往都出現在日出左右的時刻。

夏熱冬寒的原因

氣溫會隨著季節而改變，是受到陽光直射與斜射的影響。因地球以地軸傾斜的狀態繞著太陽公轉，造成太陽直射點在夏季時偏向北半球，冬季時偏向南半球。夏至時

夏至的地球
2023 年 6 月 21 日 06:00 可以看出地軸是傾斜的（約 23.4 度）

太陽直射北回歸線，北半球白晝時間最長，受太陽輻射的時間也最久，地球接收的能量隨之增加。反過來說，冬天不止收到的能量減少，且夜晚時間拉長，太陽輻射的影響也減弱，導致氣溫容易下降。夏季和冬季氣溫之所以如此不同，便是因為地軸傾斜以及太陽高度角差異造成的結果。

此外，緯度當然也會影響氣溫。在相同面積的情況下，靠近南北極的高緯度地區比赤道區域受到的輻射能更少，所以北半球越往北方越寒冷，越往南則會越溫暖。

為什麼會有天氣變化？

所謂氣壓，指的是空氣擠壓物體的力量。我們將物體上方承受的空氣總重量，直接稱為氣壓。

氣壓也是一種單位。在定義上，海平面的氣壓為一

百帕與小黃瓜

標準大氣壓，而一氣壓又等於 1013.25 百帕。從重量來看，一百帕相當於在十公分見方、約手掌大小的面積承受一百克的壓力，這個重量約莫等於是一條小黃瓜。

假設一條小黃瓜約為一百帕，那麼約 1013 百帕的地表氣壓，就是在手掌放一千條小黃瓜的概念。

一千條小黃瓜聽起來似乎很重，不過我們的身體並不會被壓扁。因為人體內側也有同等壓力向外推擠，人類已經適應和空氣互相擠壓的環境了。

以深海魚為例。深海的水壓非常高，深海魚為了在這個環境下生存，會從體

內產生龐大的壓力與之抗衡。當深海魚被急速拉出水面，牠將會因為壓力失衡，身體迅速膨脹，導致內臟破裂。另外，所謂的高山症也是習慣地表氣壓的人忽然去爬富士山等級的高山，因氣壓下降而引發噁心反胃的症狀。

高度每上升十公尺，氣壓約略會下降一個百帕。日本東京晴空塔的天望迴廊高度約四百五十公尺，因此從地面到天望迴廊，氣壓會下降約45百帕。

我所在的日本茨城縣筑波市的著名景點——筑波山的標高約八百七十七公尺，意思是山頂跟海拔零公尺的海面氣壓，大概相差88百帕。既然海平面為1013百帕，山頂就是925百帕，這與發展成型的颱風中心氣壓差不多。

小尺度出現風的原因

現在我們知道氣壓經「縱向」升高就會變低，那氣壓在「橫向」產生的差異，又是什麼情況呢？這就是所謂的「高氣壓」和「低氣壓」。

高氣壓與低氣壓是和周圍相比，氣壓偏高或偏低的意思。這只是相對關係，不是取決於特定中心氣壓數值。

大氣受到輻射等影響會出現相對溫差。密度大的冷空氣偏重，暖空氣則因為膨脹而偏輕，因此暖空氣比冷空氣的氣壓來得低。

當推擠力強的高氣壓跟推擠力弱的低氣壓相連，氣壓因為壓力不平而產生力量（氣壓梯度），空氣便開始由高氣壓往低氣壓流動。這就是風的成因。

在地表上，空氣從高氣壓流往低氣壓，於是風便會吹向低氣壓中心。空氣因為風開始聚集而無路可去，只能夠向上攀升，這股上升氣流最後會形成雲。因此在低氣壓附近，通常都是多雲或下雨的天氣。

地表上的風會從高氣壓向外吹，為了彌補被吹走的空氣，高空就出現了下降氣流。空氣一下降，周圍的氣壓會升高，導致從周圍而來的推力增強，空氣因此被壓縮。這些能量會轉化成熱能，導致空氣的溫度上升。

下降的空氣升溫之後，變得可以攜帶更多水蒸氣量，即使已達到飽和標準，卻還是呈現未飽和狀態。因為這個原因，籠罩在高氣壓下的地區，通常是難以成雲的晴朗天氣。

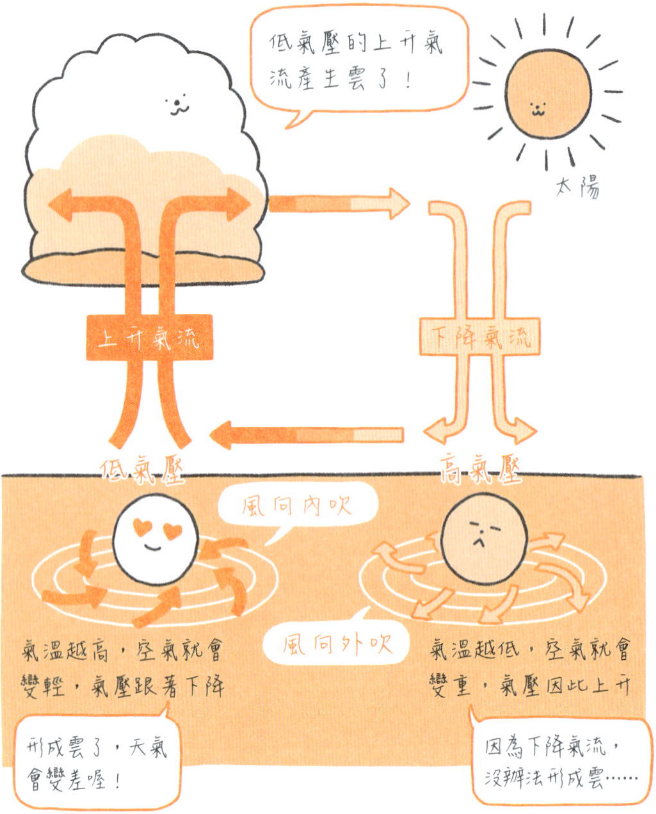
低氣壓的上升氣流產生雲了！
太陽
上升氣流
下降氣流
低氣壓
高氣壓
風向內吹
風向外吹
氣溫越高，空氣就會變輕，氣壓跟著下降
氣溫越低，空氣就會變重，氣壓因此上升
形成雲了，天氣會變差喔！
因為下降氣流，沒辦法形成雲……

低氣壓和高氣壓

哲學家與氣象單位

標示氣壓的單位「百帕」，英文為「Hectopascal」，其中「Hecto」源自希臘語中表示一百的 **hekaton**，藉此代表一百倍的意思；「pascal」則是取自法國哲學家布萊茲・帕斯卡。

儘管人眼看不見空氣，古人仍覺得空間裡有某種東西存在，他們稱之為「氣」。亞里斯多德認為：「假如人要創造沒有氣的真空空間，自然法則就會出現反抗，消除真空的狀態。」

布萊茲・帕斯卡

發現真空狀態的人是伽利略・伽利萊的門徒——義大利物理學家伊凡傑利斯塔・托里切利（**Evangelista Torricelli**，一六〇八－一六四七）。

托里切利利用水銀柱實驗證明了真空的存在，並且認為大氣具有重量（壓力）。帕斯卡雖然知道這項實驗，但起初並不相信有氣壓存在。與他同時代的哲學家勒內·笛卡兒遂建議他到山上親自實證，於是帕斯卡在山頂、山腰、山麓三個地方進行水銀柱實驗，最終證實了氣壓的存在。因為他達成這項成就，後人便將他的名字加入氣壓的單位。

科氏力

在北半球，低氣壓以逆時針方向轉動，高氣壓則是以順時針方向轉動，這是受到「科氏力」的影響。

地球以貫穿北極點與南極點的地軸為中心進行自轉，即使我們把東西筆直扔出，從太空來看確實是直線，可是站在自轉的地球上看，卻似乎受到一股跟運動方向垂直偏右的力量，使得物體看起來就像往右偏移。相反地，在南半球則是受到跟運動方向垂直偏左的力量，所以好像是向左偏移。這股表面的力量就是所謂的科氏力。

在赤道上，地面與地軸平行，因此不會產生科氏力效應。越接近高緯度的極圈（南極、北極），受到科氏力帶動的偏移就越明顯。

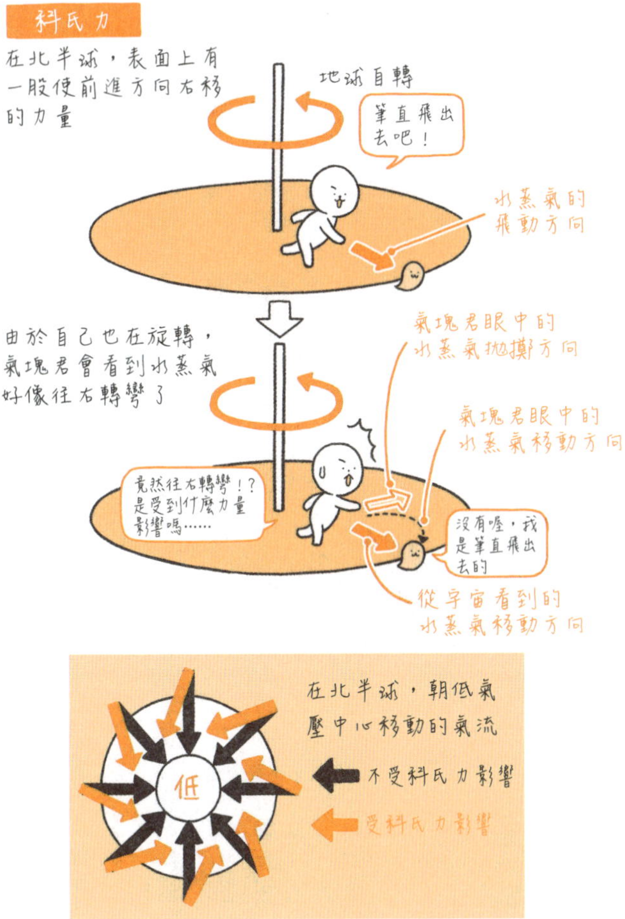
科氏力
在北半球，表面上有一股使前進方向右移的力量
地球自轉
筆直飛出去吧！
水蒸氣的飛動方向
由於自己也在旋轉，氣塊君會看到水蒸氣好像往右轉彎了
氣塊君眼中的水蒸氣拋擲方向
氣塊君眼中的水蒸氣移動方向
竟然往右轉彎！？是受到什麼力量影響嗎……
沒有喔，我是筆直飛出去的
從宇宙看到的水蒸氣移動方向
在北半球，朝低氣壓中心移動的氣流
低
不受科氏力影響
受科氏力影響

什麼是科氏力？

以北半球位置為例，順著氣壓梯度力方向流動的空氣，受垂直偏右的科氏力牽引，高氣壓的氣流會向右移，而低氣壓的氣流則會向左移（地轉風）。與此同時，地面上還有地表摩擦力，當氣壓越低風越容易轉彎。也就是說，地表上的風是在氣壓梯度力、科氏力、地面摩擦力三種力量巧妙平衡的狀態下形成。

雖說這三種力量之間的平衡決定了風向，但地面摩擦力越大，風越容易吹向低氣壓中心的方向，而摩擦力越小，風向會更接近平行等壓線的方向。在此原理之下，北半球的風會以逆時鐘方向吹向低氣壓中心，並以順時鐘方向從高氣壓中心向外吹。

氣壓落差越大，氣壓梯度力就更明顯，風自然會增強。假如天氣圖中的等壓線很密集就代表「氣壓差很大」，因此會有強風。

偏西風及噴射氣流

大氣環流中的「偏西風」對日本影響特別大。

在北半球中緯度上空的西風帶，有一股強勁的偏西風。日本附近一帶，偏西風會在冬季抵達最南方，然後

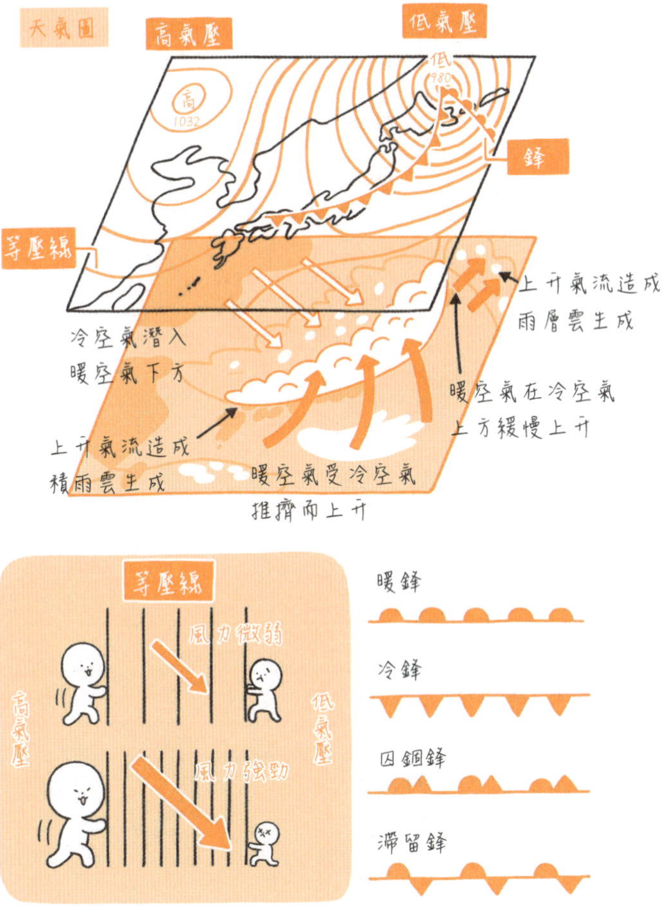
天氣圖
高氣壓
低氣壓
低
980
高
1032
鋒
等壓線
上升氣流造成
雨層雲生成
冷空氣潛入
暖空氣下方
暖空氣在冷空氣
上方緩慢上升
上升氣流造成
積雨雲生成
暖空氣受冷空氣
推擠而上升
等壓線
風力微弱
高氣壓
低氣壓
風力強勁
暖鋒
冷鋒
囚錮鋒
滯留鋒

如何看懂天氣圖

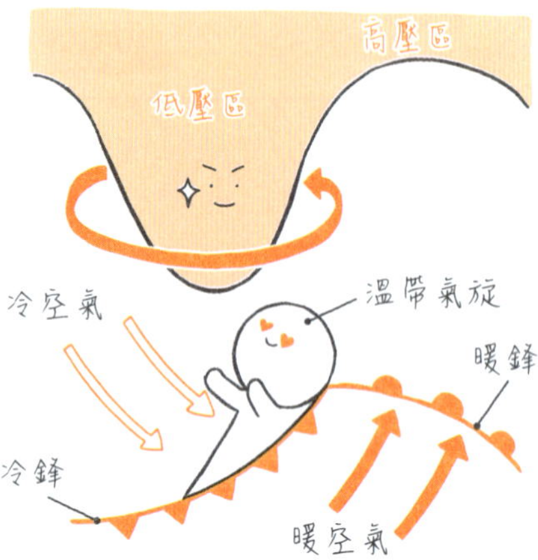

上空的低壓區和高壓區

隨著春季到夏季期間慢慢北上。因此，夏季日本的上空雖然風力不強，但秋季到冬季期間偏西風會南下，為冬季日本的上空帶來強風。偏西風最強勁的部分稱為「噴射氣流」。

偏西風位於冷氣團和暖氣團的交界，可謂是位於高空的鋒面。當偏西風朝南蛇行，來自北方的冷空氣隨之南下，使得上空的空氣變冷。而偏西風朝北蛇行時，則會帶動南方的暖空氣北上，令空氣升溫。

偏西風是一股會強烈影響氣象狀況的風。偏西風轉向南方的位置稱為「低壓區」，轉向北方的位置則是「高壓區」。

此外，低壓區所在處和周遭相同高度的空中相比，氣壓相對較低，會產生逆時鐘的環流。地表上南北方有溫差時，將會形成滯留鋒，但是當低壓區靠近，它所挾帶的環流便會傳遞到地表上。地面附近的暖空氣和冷空氣被此股上空環流帶動，因此在滯留鋒上方形成低氣壓。以低氣壓為中心的滯留鋒隨後化為冷鋒與暖鋒，促進了溫帶氣旋的發展。

春秋的多變天氣

每個季節都有其獨特的氣壓分布，以及代表性的高氣壓。這些高氣壓會伴隨著冷空氣和暖空氣。假如空氣涵蓋區域到達某種程度，同時又帶有類似性質，我們就稱其為「氣團」，氣團的交界處則稱為「鋒」。

勢均力敵的冷空氣與暖空氣相遇會形成滯留鋒。當冷空氣威力比暖空氣強，冷空氣便會潛入暖空氣下方繼續前進，變成冷鋒；倘若是暖空氣勢力較強，暖空氣則會覆蓋在冷空氣上方前進，變成暖鋒。

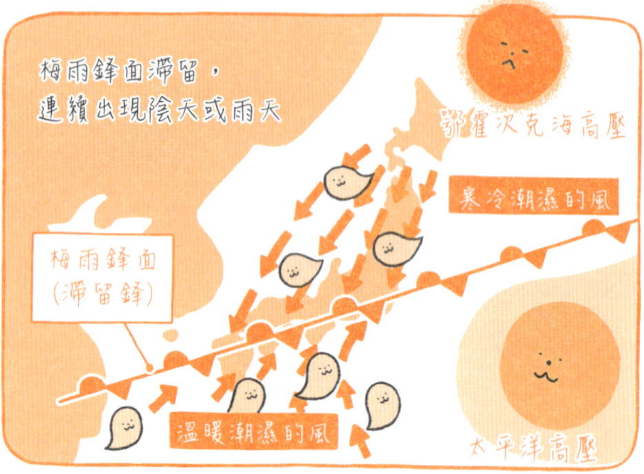

梅雨鋒面的成因

冬季期間歐亞大陸溫度降低，空氣變得又冷又重，形成「西伯利亞高壓」。這個時候若溫帶氣旋通過日本附近，停在日本的東方，就會造成「西高東低」的冬季型氣壓分布。

接下來時序進入春天，「移動性高氣壓」跟溫帶氣旋每隔數日就會隨高空的偏西風漸漸靠近。春秋季之所以天氣多變，就是出於這個原因。

五月到七月左右，由於鄂霍次克海比周遭海域更冷，日本千島近海會出現「鄂霍次克海高壓」。

冰冷海洋帶來的高氣壓以順時針方向吹起濕冷的風。北海道、東北太平洋側、關東地區的氣溫因此下降，天空持續出現低層雲造成的陰天。此時，日本東北太平洋側會吹起名為「山背風」或「東風」的風，加上日照不足和低溫，影響農作物收成。

到六月左右，在鄂霍次克海高壓與「太平洋高壓」之間，濕冷空氣與濕暖空氣互相碰撞，形成「梅雨鋒面」。

雖然短期內大範圍地區變得容易下雨，日照不足且氣溫又低，但之後太平洋高壓將逐漸增強，鋒面開始由南向北移動。

「正式進入梅雨季」的真相

日本的梅雨在七月上旬進入尾聲（台灣則是六月底）。鋒面被往北推移，來自西方和南方的濕暖空氣更有機會合流。

進入夏季後氣溫逐漸上升，空氣含有的水蒸氣量也跟著增加，所以容易出現大雨。這時更要小心滯留的梅雨鋒面，尤其是九州等地可能會出現線狀雨帶而造成豪雨（第三二七頁）。

東西向又長又廣的梅雨鋒面雲層

媒體上經常出現「正式進入梅雨季」、「梅雨季正式結束」這樣的說法，其實日本氣象廳只是基於觀測資料發表結果，並沒有做「正式宣告」。關於梅雨季的起訖時間，氣象廳是先提出即時數值，之後再回頭分析，到九月一日那天再以核對答案的形式給出「確定值」。

像梅雨這類長期現象的預測相當困難，有時即時數值跟確定值甚至相差甚遠。通常氣象廳的說法是：「關東甲信地區可能已進入梅雨季。」

也就是說在發布消息的當下，氣象廳還沒辦法斷言「已正式進入梅雨季」，只能表示「有這個可能」而已。

夏季帶來的酷暑

夏季期間太平洋高壓增強，當日本籠罩在太平洋高壓底下時，全國呈現一片悶熱。這種夏季氣壓分布形態在日本稱為「南高北低」。此時的日本南方有高氣壓覆蓋，偏西風北上，低氣壓正通過日本北部。

不僅如此，歐亞大陸的「西藏高壓」從高空而來，在厚層高氣壓包圍下，空中從上到下充滿下降氣流，氣溫也因這些氣流而升高。

倘若這時又遇到「焚風」，氣溫就會變得相當酷熱。焚風現象有兩種，一是乾式焚風，是指高空未飽和的空氣在山的背風坡下降時，因乾絕熱遞減率（第九十四頁）使得氣溫上升。

飽和的空氣在山的迎風坡爬升時，因濕絕熱遞減率（第九十四頁）使得氣溫下降，到了背風坡下沉時，又因為乾絕熱遞減率而升溫的情況，則屬於濕式焚風。一般所知的典型焚風現象，多半是像颱風接近時會出現的濕式焚風。不過依照最

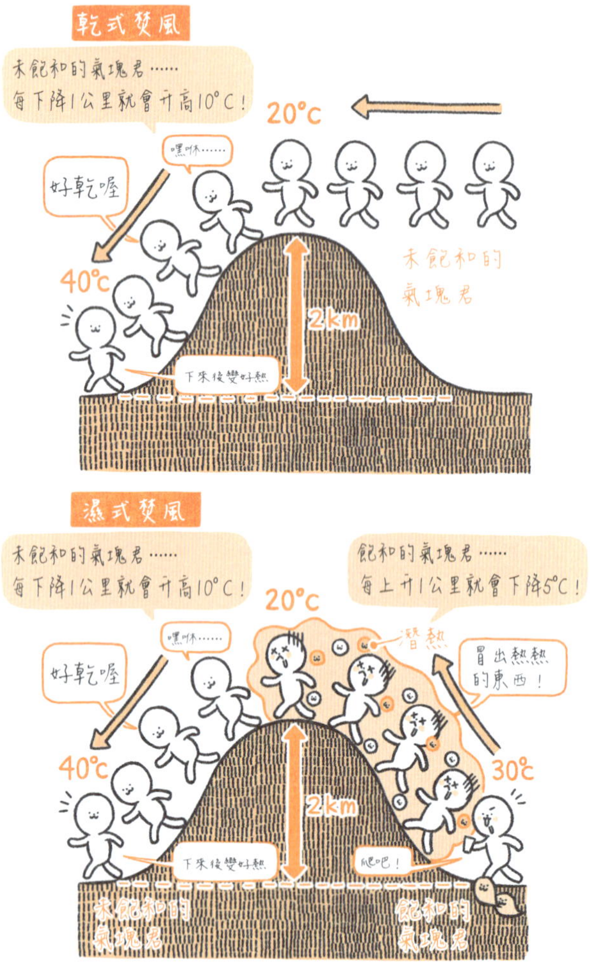
乾式焚風
未飽和的氣塊君……
每下降1公里就會升高10°C！
20°C
嘿咻……
好乾喔
40°C
未飽和的
氣塊君
2km
下來後變好熱
濕式焚風
未飽和的氣塊君……
每下降1公里就會升高10°C！
飽和的氣塊君……
每上升1公里就會下降5°C！
20°C
嘿咻……
潛熱
冒出熱熱
的東西！
好乾喔
40°C
30°C
2km
下來後變好熱
爬吧！
未飽和的
氣塊君
飽和的
氣塊君

焚風現象的成因

近的研究指出，其實乾式焚風更常見。

另外，不只氣溫會影響熱度，濕度、日照、輻射也是原因之一。日本氣象廳與環境省合作，針對中暑症狀發布「中暑特別警報」，希望能提高民眾的戒心。

所謂中暑特別警報，是日本在中暑危險度極高的時候，考慮氣溫再加上濕度的影響，預測「熱指數」（WBGT: Wet Bulb Globe Temperature）將超過三十三時所發布的消息。即使是在室內，高齡者與幼童也很容易中暑，所以應該開啟空調以避免身體過熱，並提醒自己經常補充水分。

無論是再強壯的人都無法抵抗酷暑，尤其是在戶外工作或走動的時候，絕對不要想靠毅力克服熱度，強迫自己或他人忍耐。

近年日本在超過三十五度高溫的猛暑（二〇二〇年、二〇一八年、二〇一〇年），有超過一千五百人因中暑死亡。由於氣候變遷導致氣溫上升，加上社會高齡化，死亡人數正在不斷攀升。「以前沒問題，現在也沒問題」的想法已經不適用了，請大家正確認知高溫的警訊，採取適當的對策。

日本海側的雪和太平洋側的雪

為什麼日本海沿岸比較多雪？

冬季期間，位於西北方的日本海在日本形成特殊的氣象狀況。在日本海上空形成的大量帶狀雲，會為日本海沿岸地區帶來豐沛降雪。

當日本冬季型氣壓分布進入西高東低型態時，附近的等壓線會呈現縱向線條的模樣，吹起西北季風。

此時，零下數十度的冷空氣隨著氣壓梯度力，從歐亞大陸吹到日本海。由於日本海的海面水溫在冬天仍有五至十五度，過境的冷空氣等同是在泡熱水澡，就像平均體溫三十六度的人類碰到六十至七十度的熱水一樣。冷空氣在滾燙的熱水上前進，自海水吸收熱能與水蒸氣，於是轉變成溫暖潮濕的空氣。此現象稱為「氣團變性」。

帶狀雲的成因

冬季日本海的上空雖然因此生成濕暖空氣，高空卻依然是寒冷狀態，造成地表與高空溫差擴大。因此大氣變得不穩定，發展出積雲與積雨雲。

在熱對流出現的地方吹起了風，就會產生「水平滾筒狀對流」，使上升氣流跟下降氣流排成橫列，並在上升氣流區出現雲列。冬季的日本海上，到處可見因此原理形成的成列雲層。此種雲又名「雲街」（**Cloud Street**），會給日本海側尤其是高山地帶來大雪（日本稱為山雪）。

來自西邊日本海的雪雲沒辦法跨越脊梁山脈，無法抵達關東所在的日本東側。事實上，當雪雲準備越過山脊時，就會因下降氣流而消失，使得日本太平洋側地區吹起空氣乾燥的「乾風」，持續著乾燥晴朗的天氣。

JPCZ的集中型豪雪

在冬季的日本海沿岸地區，有時會出現致災性的集中豪雪。當氣壓呈現冬季型的西高東低型態，從西側吹出的冷空氣將沿著朝鮮半島與中國接壤處附近的長白山脈，兵分二路迂迴前進，到日本海之後再次匯聚，形成「JPCZ」（Japan sea Polar air mass Convergence Zone，日本海極地氣團輻合帶）。

這時大氣因受到強烈冷空氣影響而變得不穩定，風彼此碰撞形成極強勁的上升氣流，促使積雨雲快速成長。這些發展成熟的帶狀雪雲所在處就是JPCZ。當上空籠罩在JPCZ之下，會出現短時間的集中大雪，造成車輛動彈不得。

由JPCZ引發的大雪，大多集中在日本北陸至山陰一帶，尤其是海面溫度還很高的十二月，經常發生大規模的交通阻塞。二〇二〇年十二月中旬，JPCZ在日本造成大雪，除雪速度跟不上降雪量，導致關越高速公路出現兩千一百台汽車塞在路上。由此可知，不只是山區，JPCZ 也會給平地帶來大雪（日本稱為里雪）。

當氣象廳推測 JPCZ 將造成短時間的大雪，且會導致持續降雪的嚴峻狀況時，就會發布「顯著大雪相關資訊」。透過日本氣象廳官網，可以查看六小時內的降雪量預測。遇到大雪時，請記得善用相關資訊，提早做好防災準備。

帶來暴風雪的炸彈低壓、極地低壓

日本的冬天不但需要注意大雪，更要小心暴風雪來襲。伴隨著強風的雪勢稱為「風雪」；若風勢增強至暴風程度，就稱為「暴風雪」。發生暴風雪時眼前會變得一片白茫，出現視線極差的「白矇天」（whiteout），身在戶外的人將完全無法動彈。此外，風吹起積雪後二次堆積，將形成「吹積雪堆」，使車輛無法前進。

帶來這種典型暴風雪的現象，就是日本人說的冬季「炸彈低壓」。日本氣象廳的正式說法是「急速成長的低氣壓」，但在學術上亦稱為「Bomb」（炸彈），是指中心氣壓在短時間內急速下降的低氣壓。

多數炸彈低壓其實是急速發展的溫帶氣旋。在春天，日本常因此出現大範圍的暴風，被稱為「五月暴風」（May storm），而在冬天為北日本地區帶來暴風雪。低氣壓威力強盛時，會在通過後強化日本西高東低的冬季型氣壓分布，拉長暴風雪的影響時間。二〇一三年三月，北海道曾因暴風雪造成九位民眾死亡的遺憾意外，這也是炸彈低壓引起的災難。

促成炸彈低壓發展的要素，除了南北溫差，以及上空低壓影響一般溫帶氣旋的機制，「雲本身發展時釋放的潛熱，令上空大氣升溫而加劇低壓發展」也是重要的因素。

此外，「極地低壓」也會給日本海沿岸地區帶來暴風雪。極地低壓又稱「冬季颱風」，是形成自冷空氣的風逐漸增強的狀態，其成因是日本海的熱能和雲內部的潛熱促進了風的發展。

由這些氣旋所產生的暴風雪也會導致停電。

當極為強勁的風從海洋吹向陸地，挾帶海鹽的雪覆在電線上，令其變成絕緣狀態。或是電線被雪和冰附著之後，出現劇烈搖晃的「電線跳動」（Conductor gallop）現象，使電線互相碰撞而短路。

冬季暴風雪造成的停電需要很長的時間才能修復，由於相當耗時，平常就要準備好備用糧食等儲備用品。此外，預測將有暴風雪時應避免外出，並充飽手機及電腦的電量，做好應對措施。

南岸低氣壓對太平洋側的影響

日本太平洋沿岸地區的降雪，其發生的原理與日本海沿岸地區並不同。

雖然關東的降雪通常是由通過本州南岸的「南岸低氣壓」所帶來，可是其過程牽扯許多複雜因素，所以相當難以預測。

日本關東的地形大致為平原，從西到北有山脈，而東到南則是被海洋包圍。這種地形與美國東岸阿帕拉契山脈的東側地形十分相似。當美國東岸有來自南海的低氣壓時，就會出現降雪。

低氣壓的發展強度與位置、雲層的發展、雲會降下多少水量、地表面狀態如何……上述每一項要素，都會影響關東會不會下雨、會不會下雪，亦或都不會下，倘若下雪又會有多少降雪量。不僅如此，我們對雪雲的物理特性也還有很多不明之處。

如果關東北部有高氣壓的同時，南方又有低氣壓接近，就會吹起偏東向的風，這些風撞擊到山脈之後，就變成往南走的北風。因為這樣導致關東低空區的冷風增強的現象，稱為「冷空氣堆積」（Cold-Air Damming）。

南岸低氣壓帶動的風本身為逆時鐘方向，溫暖潮濕的東南風碰上冷空氣堆積的寒冷偏北風，隨即在關東南部及南海上產生「沿岸鋒」，有機會成為雨跟雪的分界處。

我們非常難預測冷空氣堆積效應及沿岸鋒的位置。而且，不同的降雪跟降雨方式，也會改變地表空氣的降溫形式、高氣壓的增強方式，以及偏北風的強度。

經驗法則的極限

針對南岸低氣壓的行進路線與「關東會下雨還是下雪」之間的關係，過去的預報會使用「經驗法則」來推測。也就是「低氣壓若通過八丈島北側，將會帶來暖空

2014 年 2 月 15 日登陸關東的南岸低氣壓

氣，所以關東會下雨」，以及「低氣壓若通過八丈島南側，將無法帶來暖空氣，會維持寒冷狀態而降雪」。

然而，在二〇一四年四月二日，日本關東甲信地區發生歷史性大雪。該低氣壓明明有經過八丈島北部，卻在登陸關東之後在部分地區造成連續不斷的大雪。依經驗法則做出的預測並沒有猜對。

於是研究人員翻查過去六十年份的資料，發現只憑低氣壓的路線，其實無法斷定關東會降雪還是降雨。這種經驗法則廣為使用的當時，其研究案例很少，而且還僅限於某一時期，缺乏完整的依據。

經過更深入的調查後得知，日本全國遍布強烈冷空氣的時候，本來就會降雪。當北方有冷空氣強勢進入時，自然會變得容易下雪。

由此可見，若有極為強勁的冷空氣流入，不管低氣壓怎麼走，關東必定會下雪。話雖如此，微妙的氣溫變化正是分析中最難的工作。在這種情況下，前述的雲層發展、雲內部正在產生何種粒子，以及冷空氣堆積效應和沿岸鋒之間都有錯綜複雜的關聯性，導致預測相當困難。

二〇二三年一月也曾發生預報說會下雨，結果卻是下雪的結果。依目前技術，要準確預測南岸低氣壓對日本首都圈帶來降雪的現象，仍有一定難度。再者，我們也還不清楚大雪是如何發生的。如何提升預報的準確度，依舊是今後氣象研究學者必須持續奮鬥的目標。

游擊型暴雨及龍捲風

「游擊型暴雨」的名稱由來

驟雨、午後雷陣雨、「游擊型暴雨」都是指同一現象，表示由濃積雲或積雨雲造成的局部強降雨。自二〇〇〇年代以後，日本的民間氣象公司跟媒體開始普遍使用「游擊型暴雨」一詞，其實這是早就存在的降雨現象。

一九六九年，氣象廳職員首次提出「游擊型暴雨」這個說法。當時雷達的觀測尚不完善，還無法確切掌握大雨的實際狀況。「游擊型暴雨」在那個時候代表的意思是「相當難以預測的局部大雨」。到了雷達已相當進步的現代，這個用詞的含義已轉化成「不太好預測的局部大雨」。另外，近來似乎不管預測是否有難度，大家都會把突然出現的大雨稱為「游擊型暴雨」。

「游擊型暴雨」不是正式氣象術語，日本氣象廳都是稱為「局部大雨」。由於都市地區可能因此淹水（都市水災），所以就算是陣雨也不能夠掉以輕心。

積雨雲和飛航事故

積雨雲是引起陣風的原因。這種陣風現象分為幾個種類，主要為下暴流、陣風鋒面、龍捲風。

成熟的積雨雲內部因降水粒子的荷重作用（第五十頁），使得下降氣流增強，空氣如爆發般吹降，形成「下暴流」而引發陣風。這種陣風在早期經常造成墜機事故。

藤田哲也

後來，在美國研究積雨雲的藤田哲也查出這些空難和下暴流有關，因此大家開始使用「都卜勒氣象雷達」監控積雨雲內部的氣旋與陣風，飛航事故從此明顯減少。

下暴流依其橫向規模又細分成兩種。一是影響範圍（直徑）低於四公

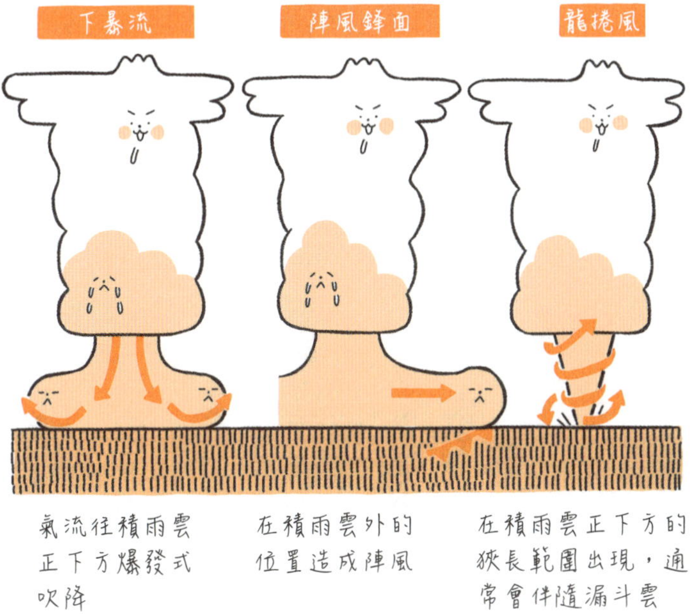
下暴流
陣風鋒面
龍捲風
氣流往積雨雲正下方爆發式吹降
在積雨雲外的位置造成陣風
在積雨雲正下方的狹長範圍出現，通常會伴隨漏斗雲

下暴流、陣風鋒面、龍捲風

里的「微暴流」，另一種是直徑超過四公里的「巨暴流」。微暴流雖然比較小，但它一點也不弱，甚至常比巨暴流的風速更快、威力更強。

除了下暴流，從積雨雲吹出冷空氣所形成的「陣風鋒面」也會引起陣風（第五十頁）。我們常聽到「突然吹起冷風時，代表天氣會迅速轉變」這種說法，其實是因為冷風之後，挾帶冷空氣的積雨雲本體也在急劇接近的緣故。

不過，陣風鋒面經過時會引起強風，有時會來不及反應。因此要隨時注意天空狀況和雷達資訊，掌握積雨雲的位置跟動向，趕快到安全地點避難。

多胞型對流及超大胞

有些特殊的積雨雲下方會出現龍捲風。

積雨雲內部成對的上升氣流與下降氣流，稱為「對流胞」。當風力本身偏弱，或是天空上方與下方的風向、風速落差不大的時候，將發展出由一個上升氣流跟一個下降氣流組成的「單胞型」積雨雲。

而上下層的風若明顯錯開，會產生混雜多世代的「多胞型」積雨雲，或是變

多胞型積雨雲
多個世代的對流胞同住在一起
下冰雹或雷雨

多胞型積雨雲的結構

成超級巨大的「超大胞」積雨雲，它們將會帶來龍捲風。

日本在春秋兩季，上空吹著強勁的偏西風，上下層的風容易變成交錯狀態，形成多胞型積雨雲及超大胞，因而出現大雨、冰雹、龍捲風。單胞型積雨雲的壽命約為三十分鐘到一小時，而同一朵積雨雲裡會同時存在「發展期對流胞」、「成熟期對流胞」、「衰弱期對流胞」，不停出現世代更迭的多胞型積雨雲能夠持續數小時，帶來冰雹或足以引發淹水的大雨。

若把單胞型積雨雲想像成獨居者，那麼多胞型積雨雲就像是多代同堂的大家庭。因為家中有不同世代的人混居，整體而言比較長壽。

當上下風層比多胞型對流錯開得更分明，就會產生超大胞。此時上升氣流跟下降氣流位置明確分離，積雨雲會持續長時間發展，不會自行消失。

超大胞就像是一位體型巨大的獨居者，有時它的前方與後方會出現下降氣流，各自形成陣風鋒面，中心則會產生猛烈的龍捲風。

多胞型積雨雲與超大胞皆會隨著高空的風移動。多胞型積雨雲移動速度緩慢，會帶來閃電、冰雹，還有造成都市水災的局部大雨。超大胞移動速度很快，比起大雨，它所產生的龍捲風及大型冰雹更容易帶來災害。

日本關東也會吹起龍捲風

關於超大胞的判斷標準，要看雲的內部結構有沒有直徑約數公里程度的小型低氣壓「中尺度氣旋」。

中尺度氣旋存在於超大胞的中層或下層。關於中層的中尺度氣旋，普遍認為是由於上下風層交錯，產生了水平渦流（以水平方向為軸心旋轉的氣流）。這股渦流被超大胞的上升氣流拉升後，變成逆時鐘旋轉的氣旋，進

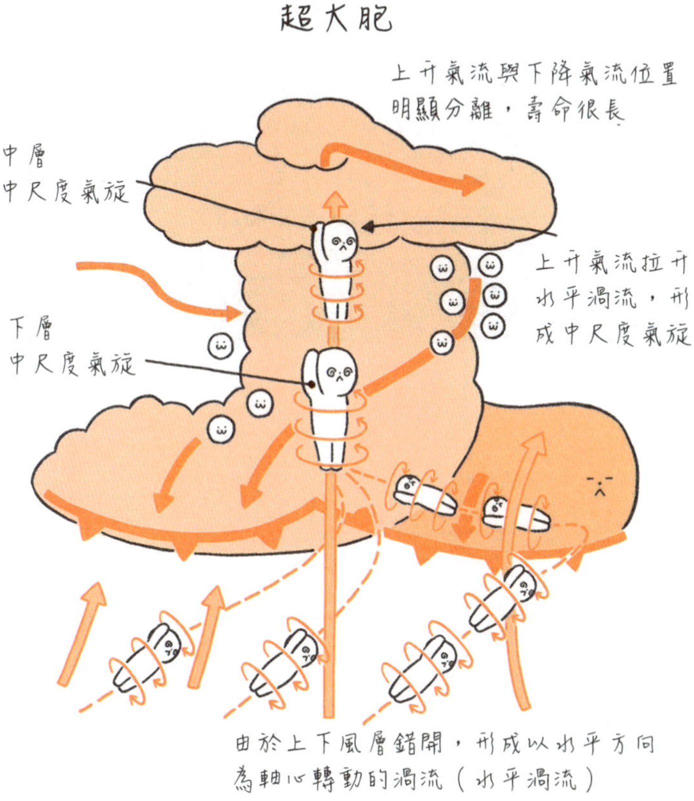
超大胞
上升氣流與下降氣流位置
明顯分離，壽命很長
中層
中尺度氣旋
上升氣流拉升
水平渦流，形
成中尺度氣旋
下層
中尺度氣旋
由於上下風層錯開，形成以水平方向
為軸心轉動的渦流（水平渦流）

超大胞內部的中尺度氣旋結構

超大胞

而形成小型低氣壓。強烈龍捲風就發生在下層中尺度氣旋的下方，但我們對其結構還不了解，目前尚在研究當中。

超大胞常見於美國的中西部，但日本有時也會出現。二〇一二年五月六日，茨城縣筑波市出現了國內最大級龍捲風，就是由典型超大胞所產生的。

美國中西部因地面常吹入南風，西側又有洛磯山脈，經常發生龍捲風。在日本關東地區，雖然規模不同，但低空也會吹來南風，並在越過西側山脈後轉為西南風。此時高空又常有偏西風，上下風層便會互相交錯。因此，關東地區很容易因地勢而形成超大胞。

為何會出現豪雨和颱風

線狀雨帶和局部豪雨

許多因素都會造成豪雨，而「線狀雨帶」就是其中之一。這是西日本太平洋側（即近畿太平洋側、四國、山陽等地）及九州地區很常出現的一種現象，在梅雨季尾聲特別容易造成水災。

當積雨雲在迎風處接連形成、發展，隨後順著風勢被吹走，原本的迎風處又會繼續生成新的積雨雲。

線狀雨帶即是積雨雲像這樣成列發展，形成有組織的積雨雲群，並在數小時內反覆通過或停滯在幾乎相同位置所形成的現象。它是一種伴隨強降雨的線狀延伸雨區。

積雨雲通常會帶來數十公釐的雨量，但在線狀雨帶內，小區域會持續降下大雨好幾個小時，造成總雨量從一百公釐到數百公釐的「局部豪雨」。

日本發生的局部豪雨有七成都是受線狀雨帶影響，且會帶來嚴重水災。然而，我們對其結構仍不夠瞭解，在監控、預測方面的研究與開發正在努力加快腳步。

日本氣象廳從二〇二一年起，開始以雷達觀測等方式即時監控線狀雨帶。當研究人員察覺線狀雨帶造成的「大雨災害危險度急遽升高」時，就會發布「顯著大雨氣象資訊」警告民眾。

大量水蒸氣是豪雨的關鍵

線狀雨帶不僅會對小範圍地區帶來豪雨，也有可能如二〇一八年七月那場「西日本豪雨」一樣，在大範圍地區連續降下大雨，演變成豪雨等級。其原因是梅雨鋒面挾帶的大量水蒸氣持續流入，使大範圍區域不停地降雨。

除此之外，颱風接近時也會造成豪雨。二〇一九年十月的「哈吉貝颱風（第19號颱風）」在靠近前，豐沛的水蒸氣流入東日本地區，引發了大雨。此時，颱風在轉為溫帶氣旋的過程中，於北側生成天氣圖上無法顯示的類鋒面結構。這條隱形鋒面不斷將颱風周邊極為潮濕的空氣送往東日本，因此在颱風接近前就已下起了大雨。

哈吉貝颱風的降雨量也同時受到地形影響，發生「種饋機制」。當潮濕空氣流向山區，沿坡面爬升後形成了雲，高空的雲又朝著下方雲層降雨，使整體降水量增加。

一般來說，當颱風接近時，潮濕空氣沿山坡面上升，日本如紀伊半島等太平洋側地區的東南坡面，常會出現極高的總雨量。這是除了颱風本體的雨雲促發的種饋機制之外，潮濕空氣在颱風靠近之前便已沿著山坡面爬升，發展出積雨雲所造成的影響。

如果梅雨鋒面這種滯留鋒跟颱風雙管齊下，情況將會變得很危險。二〇〇〇年九月的「東海豪雨」即是日本附近有停滯的秋雨鋒面，加上遠方出現颱風的狀況下造成的。由於來自颱風的極潮濕空氣沿太平洋高壓邊緣北上，流入滯留鋒，因此帶來大雨。

這類型的大雨主要是由大規模鋒面及颱風造成，透過目前技術還算可以預測。

不過單一積雨雲或線狀雨帶這類小規模的現象，仍非常難以預測。現今還在努力探究其實際情況，探討該怎麼做才能進行預測。

颱風的形成原理

我們平常稱為「颱風」的低氣壓，在世界不同地區其實有其他的稱呼。在西北太平洋及南海稱為颱風；在印度洋稱為旋風；在北大西洋則稱為颶風。

亞洲有一名為「颱風委員會」的政府間國際組織，是由十四個國家及地區組成，協助亞洲區及遠東地區針對颱風災害擬定及實施相關對策。

自二〇〇〇年起，颱風訂定了國際命名──「亞洲名」。按照其形成的順序，依序使用由各國提議並事先準備的一百四十個名稱。其中日本總共提出十個，如「天兔」、「圓規」等源自星座的名稱。

那麼，颱風是如何形成的呢？

在赤道稍北方，有一條風力吹聚的「間熱帶輻合帶」。在這裡，來自太平洋高壓的東北信風，與越過赤道、從南方吹來的東南信風互相匯聚。若問熱帶輻合

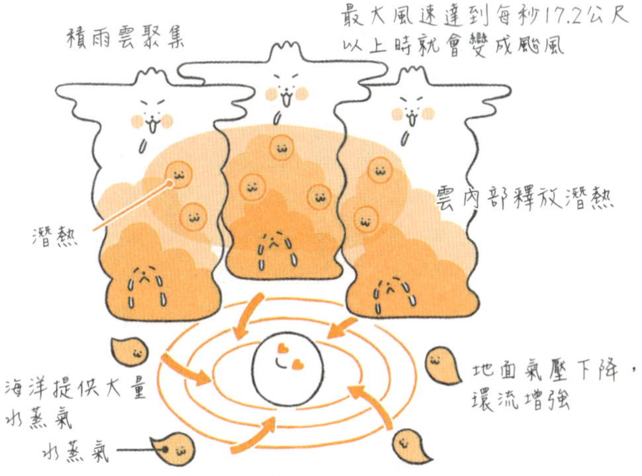
積雨雲聚集
最大風速達到每秒17.2公尺
以上時就會變成颱風
雲內部釋放潛熱
潛熱
海洋提供大量
水蒸氣
水蒸氣
地面氣壓下降，
環流增強

颱風的形成

帶上方出現的積雨雲群聚集起來，就會形成「熱帶雲簇」。

積雨雲一旦發展起來，內部空氣會開始凝結，釋放潛熱而使空氣升溫。因此，熱帶雲簇所在處的地面氣壓也因此下降形成環流，繼而發展成熱帶性低氣壓。

接著，若熱帶性低氣壓中心的最大風速（十分鐘內平均風速的最大值）達到每秒十七點二公尺以上時，就會改稱為「颱風」。

海水溫度是影響颱風形成很重要的一個因素。在水深六十公尺以內的範圍，海水溫度須達二十六度以上，這是颱風的形成條件之一。

颱風的能量來源來自海洋供給的熱能，以及積雨雲所釋放的潛熱。

當颱風風力很強，會攪動海水，使得颱風通過後的海域表面水溫跟著下降。海面水溫變低之後，颱風威力也會連帶轉弱，可見海水溫度對颱風的生成與衰退，有著顯著的影響。

當颱風劇烈發展，中心處便會形成「風眼」的構造。颱風內部有一道朝內的「氣壓梯度力」，以及一道朝外的「離心力」。這兩道力量的強度在中心處附近幾乎均等，使風難以進入更內側的位置。如此作用之下，內側遂出現風力平緩、難以成雲的「颱風眼」。

為什麼颱風會朝日本去？

其實颱風一年四季都會發生。

因為大平洋高壓的緣故，颱風大多在夏季至秋季靠近或登陸日本。雖然春季和冬季也會形成颱風，但它們會被南方海面的東風（偏東風）吹走，並不會抵達日本。

另一方面，夏季的太平洋高壓勢力很強，產生了順時鐘環流，颱風便乘著這股氣流順勢北上。秋季北上的颱風則是受日本高空的偏西風影響，進而轉向沿著日本朝東北方前進。這就是颱風會直撲日本的原因。

此外，若高空同時存在伴隨冷空氣的低氣壓（冷心低壓），通常會自西邊靠近的颱風有時就會從東邊過來。發生這種情況時，平時遇到颱風並不會下大雨的地區也會有強降雨，需要特別小心。

遇到颱風時需要警戒的事

颱風會帶來的災害不只是大雨造成的水災而已。

首先要注意的是大浪。日本有句俗諺說「颱風始於波浪，終於波浪」，這些由強風吹起的「大浪」以及傳遞到遠處的大浪所形成的「湧浪」，都是由颱風引起的現象。湧浪在颱風接近的數日前就會出現，而颱風離開後仍會帶來大浪。

我們也發現，龍捲風特別容易發生在颱風前進方向的右前方。二〇一九年的「哈吉貝颱風（第19號颱風）」在開始下大雨前，千葉縣市原市就曾發生小型超大胞（比較低矮的超大胞）引發的龍捲風。

接近颱風的中心、位於颱風前進方向右側位置的風力特別強勁。因為颱風伴隨著逆時針環流，具有越靠近中心風力越強的特性。此外，颱風基本上會被周圍的風力帶動，所以在前進方向的右側，不僅有颱風本身的逆時鐘風力，還加上了吹動颱風的風勢，經常形成強風。

在現實中，二〇一九年九月的「法西颱風（第15號颱風）」強勢朝東京灣東北方前進時，位於其中心附近、颱風前進方向右側的房總半島即受到強風摧殘，造成嚴重破壞。

除此之外，颱風到來時還要注意「滿潮」。二〇一八年的第21號颱風「燕子」，由於同時發生暴風引起的「吹聚效應」，以及氣壓下降產生的「上吸效應」，使得大阪灣沿岸出現滿潮。當時關西國際機場正好靠近颱風中心、位於其前進方向的右側，滿潮加上大浪的結果令機場蒙受巨大的損害。

從以上案例可知，了解「自己在颱風前進路線上處於哪個位置」，並事先採取防範對策相當重要。

颱風
• 中心附近風勢很強
• 移動緩慢
• 周圍通常很溫暖
溫帶氣旋
• 會帶來大範圍的強風
• 移動很快
• 位於冷暖空氣的交界處

颱風和溫帶氣旋的差異

就算變成溫帶氣旋也不能鬆懈

很多人誤以為「颱風變成溫帶氣旋就不用擔心了」，其實颱風就算轉為溫帶氣旋，仍不表示其強度已轉弱，絕對不能因此鬆懈警惕。

由於颱風是從海洋的水蒸氣獲取能量，因此登陸後會因失去能量來源而減弱。

與此同時，颱風若北上到日本附近，將會靠近北方的冷空氣。如此一來，冷空氣與颱風的暖空氣產生碰撞，使颱風出現鋒面結構。這就是所謂「颱風的溫帶氣旋化」。

當南北溫度有差異，高空低壓區自西邊靠近，就會發展出溫帶氣旋。颱風跟溫帶氣旋只是結構上不同而已，並不是以中心氣壓作為判定標準。

溫帶氣旋會在大範圍地區引起強風，其發展所需要的能量來源也跟颱風不一樣。實際上，有時颱風轉成溫帶氣旋之後，反而會以低氣壓型態繼續發展。

正因如此，即使颱風轉為溫帶氣旋，仍舊會帶來狂風和滿潮所造成的災害。

目前日本氣象廳發布的「颱風資訊」不再更新溫帶氣旋化的消息，但「氣象資訊」已清楚告訴大家，就算是溫帶氣旋也應該小心防範。

直到暴風雨徹底結束之前，務必緊密關注最新氣象消息，確保自身安全。

氣候變遷和極端氣候

包含短期現象在內的氣象狀況稱為「天氣」，而考慮全球規模的長期平均狀態則稱為「氣候」。

天氣與氣候的差異

無論是天氣或氣候，所有現象的初始源頭都是「來自太陽的光」。太陽光進入地球後改變了氣溫，氣溫變化又改變了氣壓，而氣壓的轉變則會促成風和雲。

並非所有太陽光都會射到地表面，有一部分的光會被雲和地面反射，離開地球。假設太陽光傳遞到地球的能量是百分之一百，其中有百分之三十會被雲或雪反射回太空。雖然地球接收剩下的百分之七十之後，仍會朝天空釋放紅外線地球輻射，但此時有一個很重要的元素，那就是「溫室氣體」。

地球恆溫的原理

倘若大氣存在二氧化碳、甲烷、水蒸氣等溫室氣體，它們將會吸收地球輻射，重新釋放回地表面。從地球表面發出的地球輻射，加上溫室氣體吸收並釋放的熱，正好等同地球自太陽接收的熱能。換句話說，從太空進入地球的能量，與自地球離開的能量，恰好呈現平衡狀態。

因為這個原理，地球的整體表面溫度平均維持在十四度。假如完全沒有溫室氣體，推測地表溫度將會變成負十八度，可見溫室氣體是地球上各種生物不可或缺的元素。

處於均衡狀態的地球大氣，有時會因為某些重要原因而暫時失衡。如火山噴發造成懸浮微粒增加、海洋的變化、太陽的活動變化、人類生活的影響等等所造成的

何謂氣候變遷？

變動，稱為「氣候變遷」。

火山大規模爆發時會產生巨量火山灰和二氧化硫，甚至直達對流層上方的平流層。由於平流層大氣穩定，空氣很少上下流動，因此懸浮粒子很難下墜。二氧化硫又在高空跟水產生化學反應，輾轉形成硫酸鹽，且經過數年仍會停留在平流層。「氣膠」（大氣中的懸浮粒子）也會使陽光散射，減少傳遞到地表的太陽輻射，造成地球平均氣溫暫時下降。

一九九一年六月，菲律賓皮納土波火山發生猛烈爆發，使得地球整體平均溫度下降約零點五度。日本也因此受到寒害影響，米量生產不足。

順帶一提，火山大規模爆發造成的氣溫下降，通常只會維持一至兩年左右。即使發生了大型火山爆發，也不代表地球暖化現象會因此停止。

遠方的海洋也會改變氣候

海洋的變動也會影響氣候，其中最具代表性的便是聖嬰現象和反聖嬰現象。

聖嬰現象是太平洋赤道地區的國際換日線附近到南美沿岸一帶，海面水溫比常年高，並且狀態持續約一年的現象。據説之所以取名為「聖嬰」，是因為秘魯與厄瓜多在聖誕節前後，漁民因海面水溫升高而哀嘆補不到鯷魚，便以代表神子耶穌・基督的「聖嬰」為此現象命名。

聖嬰的原文 **El Niño** 在西班牙文也代表男孩的意思。相對地，海面水溫比常年低的「反聖嬰現象」，其原文 **La Niña** 則是指女孩。這種自海面水溫變化造成的影響，也擴及全球的天候。

為什麼會發生聖嬰現象及反聖嬰現象呢？

南美沿岸到赤道附近通常會吹東信風，深海的冰冷海水因此隨之上升（稱為湧升流）。可是東風變弱的時候，湧升流會減弱，這時冷水幾乎不會上升，海水溫度較高，使得暖水容易堆積在南美沿岸，因此發生聖嬰現象。反過來説，當東風特別強勁，反而會帶起過多的冷水，造成反聖嬰現象。

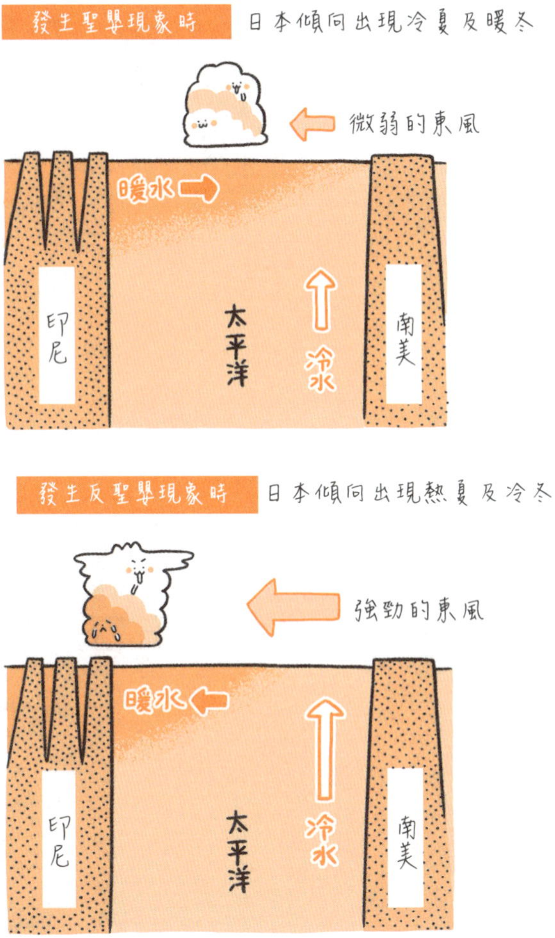

聖嬰現象（上圖）
反聖嬰現象（下圖）

風改變了海洋，海洋又會改變大氣。發生聖嬰現象時，日本附近容易出現「冷夏」。來自印尼周邊熱帶西太平洋海域的溫暖海水朝東方移動，致使海面水溫下降，積雨雲難以形成。積雨雲活動一旦減弱，太平洋高壓就不會擴展到北方，夏季日本附近的氣溫便很難上升。

另一方面，發生反聖嬰現象時，因熱帶西太平洋海域的海面水溫變高，積雨雲易於形成與發展，太平洋高壓直達北方，因此傾向出現高溫。

除此之外，出現聖嬰現象該年的冬天會變成「暖冬」。雖然根據統計數據，關東地區因活躍的低氣壓而增加降雪量，不過日本西高東低的冬季型氣壓分布其實是偏向減弱的狀態。而發生反聖嬰現象該年的冬天，日本附近西高東低的氣壓分布將會增強，令冷空氣更容易流入，造成「冷冬」。

極端氣候與地球暖化

「極端氣候」是比聖嬰現象、反聖嬰現象歷時更短的現象。這些罕見的極端現象與過去所知的狀況相差甚遠，從連續數十小時的狂風暴雨，到連續數月的乾旱、

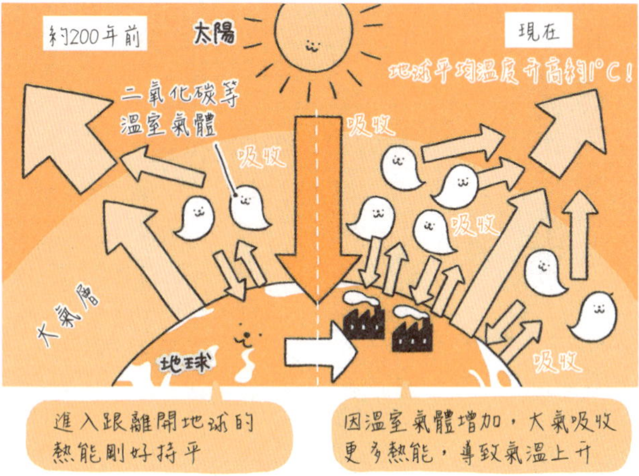

地球暖化的原因

冷夏、暖冬、災害皆屬此類。日本氣象廳對極端氣候的定義是：「在某個地區或期間內，以每三十年低於一次的頻率發生的現象。」

近年世界各地紛紛發生熱浪、高溫、大雨、洪水等極端氣候，大眾普遍認為地球暖化就是其背後主因。

這一千四百年來，現在的地球處於最溫熱的狀態。雖然溫室氣體是地球的必要元素，但十八世紀發生工業革命之後，工廠排放的氣體、人類活動的二氧化碳排放量增加，打破太陽輻射與地球輻射之間的平衡，使本該回歸太空的能量反而停留在地球上。

在那樣的影響下，氣溫與海水溫度因此上升。特別是在十九世紀下半葉以後，地球氣溫急劇升高，和百年前相比竟增長了大約一度。

「一度」聽起來好像很少，其實這樣就足以引發強烈影響。大家最能切身體會的就是「猛暑日變多了」。日本所說的猛暑日是指當天最高氣溫超過三十五度的日子，從過去一百年來首次出現，跟近三十年間相比，日數已增長約三點五倍。

大雨的情況也是如此。根據以四十年為期的統計數據，每小時降水量超過八十公釐的大雨觀測次數，從最初到近十年的數量多了約一點八倍。儘管都市化也是原因之一，但研究認為背後真正的原因仍是地球暖化。除了這些現象，局部豪雨的發生頻率也比過去四十五年來增加約兩倍，若只看梅雨季的數據，甚至高達約四倍之多。

地球暖化會讓未來缺乏壽司食材？

根據氣候模擬結果，二十一世紀末的世界平均氣溫將比工業革命前上升四度，使各產業受到重大衝擊。

首先是名為「超級颱風」的猛烈颱風出現比例將會

增加，撲向日本的颱風威力預計會增強，移動速度則可能趨緩，拖長影響時間。

由於氣溫上升，平均降雪量雖會減少，但寒冷空氣會在短時間內流入，由JPCZ（日本海極地氣團輻合帶）引起的「短時間強降雪」可能會增加。若因平時雪量減少而疏於防備，恐怕會在大雪時招致嚴重災難。

模擬結果更指出，二一〇〇年的日本全國最高氣溫超過四十度的日數將會變多，因中暑而死亡的人數將達到每年一萬五千人。

地球暖化也會影響動植物活動。如今日本全國的櫻花開花期已經提早了，預計到二一〇〇年，花期將會變成「二月」。難以種植橘子和梨子的地區也會增加。來自溫暖地帶的蚊子等生物棲息範圍擴大，將提高傳染病的風險。

此外，二氧化碳增加還會加速海洋酸化，對海洋生物的生態造成巨大浩劫。在二一〇〇年，鮪魚、花枝、螃蟹等壽司經典食材說不定都會消失。

不只是這樣，最糟糕的情況是二一〇〇年的海平面，預計會上升一公尺。屆時日本不僅會失去九成的沙灘，現在的大部分東京地區都會泡在水裡，殃及三千四百萬的人口。

個人可以做的努力

雖說地球暖化已是現在進行式，但為了將影響程度降至最低，我們必須讓全球平均氣溫的上升量，與工業革命前的溫度相差不超過一點五度。因此，到二〇五〇年之前，人們需將二氧化碳等溫室氣體全球排放量「淨零」。

二氧化碳排放量大多數是來自企業活動，一般家庭的排放量約占百分之十四。話雖如此，這絕對不代表個人的努力都是徒勞無功。個人的行動會促進經濟需求，最終使企業針對地球暖化做出應對對策。

個人可以做的最有效對策便是將家庭電力轉為再生能源。其他像遠距工作、電動車、選擇在地食材、延長衣服壽命都是很大的幫助。

除了這些日常努力，「提倡」行動也相當重要。畢竟個人的努力效果有限，所以應多參與能夠促進國家、企業、整體社會做出改變的行動。

比如透過媒體或網路搜集資料，積極參加相關活動及講座，尋找志同道合的夥伴一起做出行動。如此一來，活動的影響力將因你對環境問題的關心而提高。在學校或職場討論對策時，若能引起有決策權的管理階層注意，也有機會改變整個組織。請大家先參與自己感興趣的領域，試著向社會大眾發聲吧。

選舉也是表達主張的寶貴機會。事先了解在地政治家對於氣候變遷對策有何想法，是否有採取相應措施，並積極向他們表達你的看法。同時透過選票支持自己的理念，這些都是個人能力所及的重要行動方式。

第6章

天氣預報就是這麼有趣

為什麼天氣預報會不準？

日常生活中總少不了「天氣預報」。像是需不需要帶傘具、要穿什麼衣服……我們外出前總會參考天氣預報來做決定。

難以預測的原因

不過，可能有人會納悶：「科學已經如此進步，為何天氣預報還會不準？」

建立天氣預報的基礎是數值預報，專家先用觀測數據打造模擬的 3D 大氣模型，然後以此為出發點，用運動方程式推導出未來的狀態。相對於模擬模型的解析度來說，如果天氣現象的規模太小，會變得難以預測。就拿水平方向解析度為五公里的模型來說，雖然它可以顯示天氣圖上的低氣壓內部結構等等訊息，但個別積雨雲或龍捲風的涵蓋範圍實在太小，無法表現出來。

積雨雲

此外，計算所用的初始值也會有誤差。大氣運動具有一種混沌特性（**chaos**），使「初始值的小誤差將隨著時間擴大」。也就是說即使是微小的誤差，經過一段時間仍會變成不可忽視的差距。

小小的震動隨著時間經過，將能傳遞到遠方形成巨大的振幅——這是美國氣象學家愛德華·勞倫茲（**Edward Lorenz**，一九一七—二〇〇八）在一九七二年提出的理論。當時他以「巴西的蝴蝶振翅時，會不會在德州引發龍捲風？」為題發表演說，因此這一概念稱為「蝴蝶效應」。假如起始點

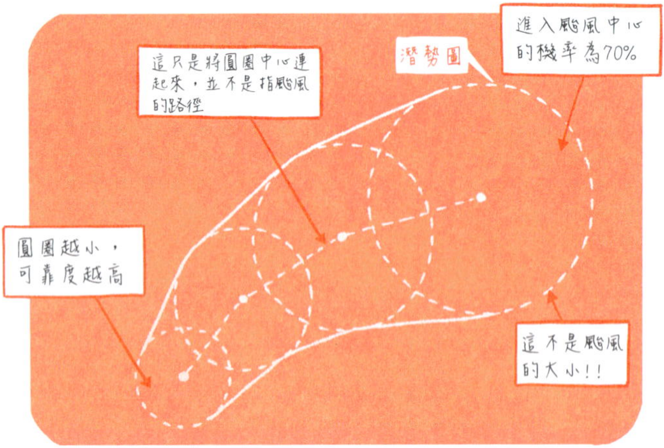

颱風路徑潛勢圖的代表意義

已經有些微誤差，即便透過正確的計算，仍舊會因為各種因素影響，推導出與現實不符的未來結果。

不論是一週天氣預報這類中期預測，或是季節預報這類長期性預測、颱風預報，全都避免不了混沌造成的問題。於是，我們反過來利用大氣的混沌特性，事先加入誤差值進行多次模擬，再依各種結果來判斷天氣變化的容易度，這就是「系集預報」。

颱風的路徑潛勢圖也是系集預報的分析結果。

所謂潛勢圖，是指「預報時間內會出現颱風中心的機率為70%」的圓形範圍。時間越往後拉（離現在時間越遠的未來），其圓圈就會變得越大，但這可不是指颱風本身規模變大的意思，很多人似乎對此有所誤解，其實圓圈代表的意義，是預測的不確定性將會隨著時間擴大。

日本氣象廳官網的一週天氣預報會標示A～C的可靠度等級，這也是運用系集預報的成果。針對是否會降雨的預報，當準確度和隔日預報一樣高，就會列為A，然後依序為B、C，可靠度依次降低。

懸浮粒子會改變雲

造成天氣預報失準的原因之一，是我們對氣象還無法全面了解，尤其是關於「雲」的研究，目前尚在發展階段中。

大多數的雲，都是以大氣中的懸浮微粒「氣膠」作為凝結核所形成。在空氣潮濕的日子，有時煙囪冒出的煙霧會直接轉變成雲。這是因為煙霧發揮凝結核的作用，間接生成了雲。

關於氣膠對雲和降水的影響，目前我們比較了解的是由水滴組成、雲層較薄的水雲。當氣膠偏少，成形的雲滴也比較少，因此每一顆雲滴可用於成長的水蒸氣量相對較多。於是雲滴迅速成長為雨水，使雨量上升，但也縮短了雲的壽命。

相反地，在氣膠很多的天空中，雲滴會大量出現，每一顆雲滴可以消耗的水蒸氣相對變少，雲滴變得很難成長。結果雨量減少了，雲的壽命也因此延長。

這個現象對地球暖化的預測相當重要。雲會反射來自太陽的輻射，基本上具有替地球降溫的作用。假如雲的壽命或數量改變，反射太陽輻射的程度也會隨之變化，繼而影響地球的溫度。

另一方面，目前尚不清楚氣膠對積雨雲這類含有冰的厚雲層造成的影響。有一種說法是氣膠增加有利於雲的發展，雲會因此吸收更多水蒸氣量，使雨水增加。氣膠數量跟人類活動也有關聯，甚至有研究顯示，大型卡車的排放氣體通常會在週二到週四期間產生較多氣膠，所以「積雨雲容易在週三發展」。

既然有針對「氣膠增加，雨量也會增加」的實證觀測，當然也有反證的研究。加上大氣狀態、上下交錯的風層、積雨雲的型態，這些全都會對雲、降水帶來不同的影響，所以現在尚無定論。

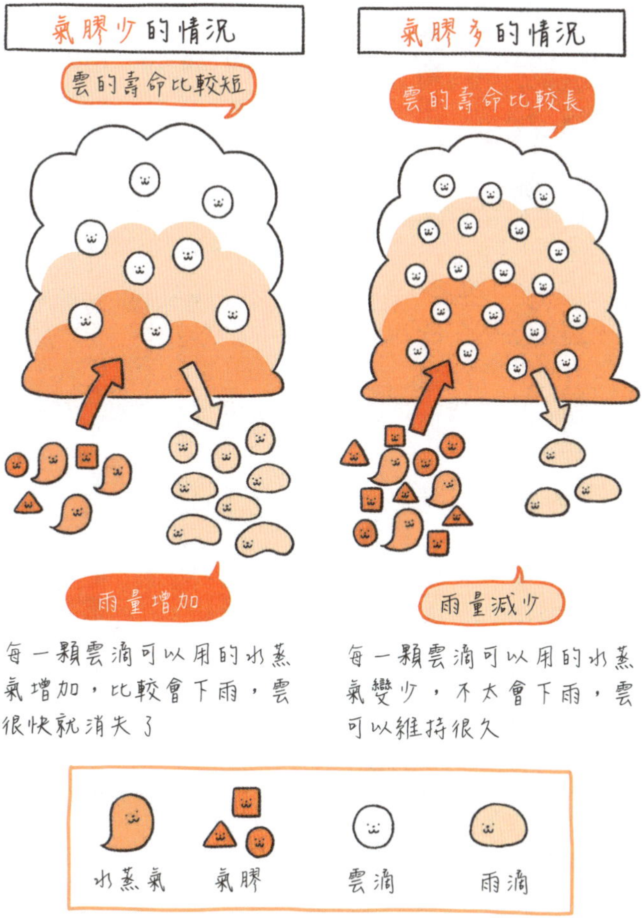
氣膠少的情況
雲的壽命比較短
雨量增加
每一顆雲滴可以用的水蒸氣增加，比較會下雨，雲很快就消失了
氣膠多的情況
雲的壽命比較長
雨量減少
每一顆雲滴可以用的水蒸氣變少，不太會下雨，雲可以維持很久
水蒸氣
氣膠
雲滴
雨滴

氣膠對低矮的水雲造成的影響

前述內容都是在談形成「水雲滴」的氣膠。至於幫助「冰晶」形成的氣膠，其本質為何、存在於何處、數量有多少、又會如何變化，我們仍然不甚瞭解。

由此可知，在地球暖化的預測上，氣膠跟雲、降水之間的關係有很大的不確定性，連帶影響天氣預報這類短期預測。

實際上，現在氣象廳使用的數值預報模型，也沒有完整地將氣膠影響列入計算。或許未來我們不只需要更深入了解氣膠跟雲、降水之間的關聯性，也應該配合分析氣膠構造及分布狀態的化學模型，進行更縝密的模擬預測。

氣象資訊的未來

目前的天氣預報，都是基於觀測資料中準確度最高的初始值來進行預測，並以「決定論觀點」為基礎來建立天氣情境。

在多數情況下，最新的初始值，也就是預報時間較短的數值，預報準確度比較高，我們會依此結果來製作最後發布的天氣預報。

不過，即使是決定論，有時預測也會脫離現實。由積雨雲、線狀雨帶、南岸低氣壓造成的關東降雪和颱風即是典型的例子。現在的技術還很難準確預測此類現象，因此建立預報情境時，必須在決定論預測本身就不準確的前提下進行。

另一方面，根據我的一位氣象主播朋友所說，有時媒體會為了讓觀眾接收到「滿意的資訊」而做出誇飾或扭曲事實的報導。

明知道預報本身不完全準確，但媒體仍想斷言某種天氣情境。基於觀眾總想藉著明確結論得到安心感的心理作用，媒體便自行給出特定天氣情境。

這樣做究竟好不好呢？

近來日本氣象廳會提供短期預報用的「中尺度系集預報」資料。若能夠善用資料，對於南岸低氣壓所帶來的降雪這類預報困難、對社會造成嚴重影響的天氣現象，或許可以提供民眾既有科學根據又誠實的資訊。

舉例來說，遇到關東究竟會不會因為南岸低氣壓而下雪的問題，可以用「明日東京的天氣為多雲機率30%，降雨機率10%，降雪機率60%」的方式呈現。這個說法可能會讓部分的人覺得很難理解，可是正確表達出「預測的難度」，難道不是出於科學角度的誠實播報嗎？

當然，我也知道作為媒體，讓觀眾對內容感到「滿意」是他們的目標之一，難免想給出肯定的結論。可是我怕這樣做的後果，將會降低民眾的科學識讀能力。降雨機率跟颱風潛勢圖都是一種機率資訊，或許多花點心思，就能將正確訊息更好地傳達給大家。

如果可以多多宣導，讓一般民眾學會辨讀氣象資訊的能力，媒體不就更能以科學實證角度進行解說嗎？我認為大眾若能跟正在閱讀本書的各位一樣，學會基本的氣象知識，整體社會就有機會往更好的方向改變。

氣象學和經濟活動

如今氣象學在許多領域都很受關注，日本民間甚至成立了名為「氣象商業促進聯盟」（WXBC）的組織，運用氣象廳公開的各種氣象資料，提升商業領域的效率及產能，將氣象活用於許多行業當中。

冰淇淋的銷售量

天氣會影響製造業跟銷售業的營銷方式。比如氣溫很高的日子，冰淇淋就會大賣。這種飲料或季節食品、服飾的商機特別重視氣象的變化。利用氣象資料來做商業預測、抓住銷售時機的做法，已經落實在很多地方。在能源界，太陽能發電也是受到氣象的直接影響，電力需求及交易價格也會因氣溫有很大的不同。

諸如日本氣象協會或 weathernews 這種民營氣象公司，都有提供使用氣象資料來做預測的服務。

氣象廳也希望能夠協助企業開創新事業或解決相關問題，於是設立「氣象資料分析師培育講座認證制度」，以培養能夠分析氣象資料及商業數據的專家——「氣象資料分析師」（Weather Data Analyst）。其受試對象是「對於將氣象資料活用在商業領域有興趣亦或想了解的人」，所以任何人都可以報考。

再生能源和氣象條件

氣象也深切影響再生能源。二〇一一年東日本大震災後，再生能源開始受到各方矚目，透過和氣象學相輔相成，朝著改善電力運用方式的目標大幅前進。

由於日照量會被雲這類天象影響，太陽能發電不能缺少氣象預測。此外，太陽能面板上的積雪、何時將融雪等都會左右發電量，而且大量積雪也有可能造成太陽能面板故障，所以降雪量預測也很重要。

風力發電方面，如果不將風車設置在平常就有風，或是風力容易變強的地方，那就沒有意義了。風力發電必須確實掌握地區的特殊風勢，保持穩定運作。雖然也能運用地形造成的「下坡風」或「山背風」這類地方風，但要預測局部地區的風象需要精密模擬，目前還在研究中。

關鍵字是「開放資料」

根據日本氣象業務法，只有氣象廳才能向不特定多數發布颱風預報，或是警訊、警報等防災相關消息。這些攸關人身安危的防災相關訊息，如果充斥著沒有專業技術證實的謠言，恐怕會給社會造成恐慌。

不過，近年對洪水和土砂災害預報的需求逐漸攀升，氣象廳內深入做此專門研究的人卻很少，因此，也提高了善用外部研究機構資料的必要性。最近政府也根據大學的最新研究，評比研究機關或民營企業在土砂災害方面的預報能力，努力打造能夠為一般民眾提供資訊的環境。以能夠運用最新模擬技術這點來說，日本民營公司有機會參與預報已是相當大的進步。

美國等國家則是沿用開放資料（Open data）的做法，公開政府的研究資料。未來或許會有更多人希望日本能不分政府與民眾，讓大家都能投入技術開發，將成果回饋給社會吧。

對「地震雲」感到不安的你

雲會是地震的前兆嗎？

我要先強調，「雲並不是地震的前兆」。

被稱為「地震雲」的雲，其實到處都會出現，其中「飛機雲」最常被稱為是地震雲。

有一些飛機雲看起來好像從空中直直落下，有一些則是筆直上升，潮濕空氣有時會幫助這兩者發展，使外觀好似龍捲風一般（第一二六頁）。將大氣重力波化為肉眼可見的波狀雲，也經常被誤會是地震的前兆。其他如赤紅的天空、紅色的月亮或太陽，時不時也會令人感到害怕。

其實，這些雲和天空的現象都是源自大氣，皆可用氣象學來解釋，而地底下的運動究竟會不會影響位於高空的雲層，目前尚不可知。

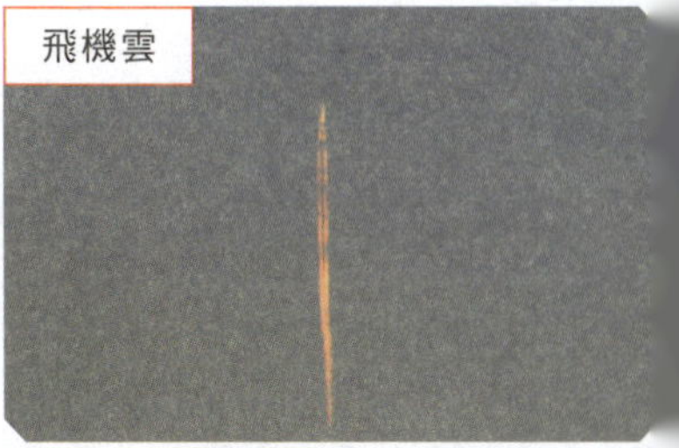

令人感到不安的各種雲

日本氣象廳和日本地震學會都表示「無法證明有地震雲存在」。站在科學的中立立場，這才是正確回答。不過，要用科學方法證明原本就不存在的事物，就如同「惡魔的證明」，是一件相當困難的事。

與此同時，在氣象學已能解釋的現象中，假使地面的變化真的會造成某些影響，人們也不可能僅憑雲的外觀就辨識出來。

因此，我們可以斷言，雲絕不會成為地震的前兆。

當有人傳照片給我，詢問那是不是地震雲，經過我的解釋之後，他們通常會有兩種反應。一種是就此安心的人，他們大部分只是不知道有這樣的雲，一聽到身邊的人說那是「地震雲」，忍不住就感到不安。

用心欣賞雲吧

另一種是知道雲的名字跟原理之後，仍舊無法放心的人。以前我曾反問他們為什麼會感到不安，結果他們自我分析說，當心情因為社會情勢等原因陷入低潮時，好像會把不安投射在陌生的雲身上。透過這些對談，我似乎開始了解「地震雲」真正的樣貌了。

假如很擔心發生地震，重要的是在平常就做好防災準備。除此之外，雲本身是預測天氣變化的參考對象，了解雲的變化分別代表會發生什麼情況，應該也能提升個人防災意識吧。

人們見到陌生又未知的事物，當然會感到恐懼。認識雲並踏出第一步，有朝一日你定然會覺得雲很有趣。開始懂得欣賞雲之後，也不會再把不安的心情投射在雲身上，反而會想將雲的奇妙變化與別人分享，邀請更多人來賞雲。

每當大型自然災害發生後幾乎都會出現「陰謀論」，散播謠言說那些災難疑似是基於某種陰謀，由人為所引發的。社會上總有人會用悖離事實的非科學理論，煽動人群的不安及對立。

偽科學與陰謀論

據研究指出，在網路上發布這種假消息的人僅佔一小部分，約整體的百分之一左右。然而，謠言經過傳播就會廣泛地傳遞給一般人，這是很棘手的問題。

依目前的技術，根本不可能做到準確預測時間、地點、規模的「地震預告」。網路上似乎有些人想透過會員制的線上沙龍進行商業行為，故意放出「某個時間會在某個地方發生地震」的假消息，請大家不要上當。

天氣預報中，日本氣象廳會用「準確率」來核對預測的準確度，而非「捕捉率」。捕捉率是指從實際下雨的日子中，抽出來看那些下雨預報命中的比例，用此推算預報的準確比例。所以無論是下雨還是晴天，只要每天都有發出下雨預報，捕捉率就是百分之百，不過是表面上看起來數字很大而已。

準確率則包含了推測會降雨時有降雨，跟推測不會降雨時沒有降雨的兩種情況。最終是否符合推測都會有明確的結果，因此準確率更適用於檢視天氣預報。

日本氣象廳的緊急地震快報的準確率在二〇一九年度超過九成。另一方面，日本每天都會發生低於芮氏規模四的地震，所以「明天會發生地震」這句話幾乎是百發百中。網路上的地震預告都是胡說八道，大家不要當真，請在平常就做好防震準備。

要辨識偽科學及陰謀論有兩個重點。

第一個是「資訊是否來自公家機關」，第二個是「消息有無科學資料作為依據」。如果只查特定單詞，會出現很多用篤定口吻講述錯誤理論的文章，一旦你覺得有點古怪，請同時搜尋「偽科學」跟「陰謀論」。重複這樣做，學會找出有科學論證的正確資訊是一種很重要的能力。

準確率
下雨了
會下雨喔
不會下雨
真的沒有下雨

因為包含推測會下雨跟不會下雨的結果，
所以能夠檢視天氣預報是否準確

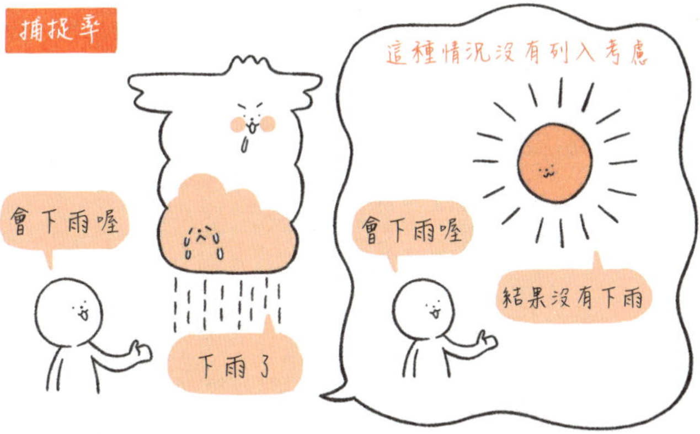
捕捉率
這種情況沒有列入考慮
會下雨喔
下雨了
會下雨喔
結果沒有下雨

只考慮實際有下雨的情況，所以不管天氣如何，
只要持續有發布下雨預報，捕捉率都會是100%

準確率跟捕捉率

雷達能看見的東西

很多人都會在生活中用到氣象雷達的資訊，不過偶爾仍會出現令人感到不可思議的畫面。

一種情況是在大範圍降雨或降雪的時候，降水分布區出現類似「裂痕」的現象。二〇二二年十月，當北韓發射飛彈時北海道曾出現類似的回波圖，許多人擔心是不是飛彈使雨雲消失或阻擋了雷達電波。然而，這其實是雷達電波被高山或高層建築物遮擋所形成的陰影。

雷達附近若有障礙物，就無法看見更遠的畫面，因此形成類似裂痕的空白區。一個知名案例是位於千葉縣柏市的東京雷達，由於附近有高層建築物，雷達設置地點的東北東方向因此出現了兩條空白帶。

此外，寒冷時期有大範圍降雨時，有時會見到甜甜圈狀的強回波。這個圓圈稱為「亮帶」，其原因是雪下降到氣溫為零度的高度（融化層）後開始融化，造成電波強勁回彈。因此，以雷達設置處為中心點，形成一道圓圈狀的高強度回波訊號，並不是代表這個圓圈狀的位置有強降雨。

雷達運作時會調整上仰角度，不斷地以水平方向三百六十度迴轉，來觀測從雷達能見到的整體天空中的雨水和雪。由於降水分布是以幾乎同等高度的回波所合成，因此當亮帶的圓圈很小，可以解讀為融化層距離地上很近。因此，這也能夠當作雨水在地面上是否會轉為雪的參考依據。

這些雷達的特徵也會被某些人當成「陰謀論」，若能通曉箇中原理，就不會感到害怕了。

「觀天望氣」是人類的智慧

仰望天空，預想天氣

「觀天望氣」的意思是：「透過觀察天空和雲朵，預想天氣的變化。」在古時，尚未有現代的天氣預報技術，從事農業和漁業等仰賴自然環境工作的人們，因為生活會直接受氣象狀況影響，而累積了觀察的經驗，造就出這份智慧結晶。

廣義來說，古人也會觀察生物的行動，但這方面幾乎毫無科學根據，所以因果倒置或是結果錯誤的情形所在多有。

另一方面，與雲和天空相關的觀天望氣，因為能直接反映大氣狀態，具有較高的信賴度。

以天空的觀天望氣來說，最具代表性的現象就是「暈」。自古以來有個說法是「太陽和月亮四周若出現光環就會下雨」，其實這是有根據的。當西邊有鋒面

暈

和低氣壓接近時，上空吹著偏西風的日本附近，天氣將從西邊開始轉變。

高空的空氣先轉為潮濕，然後逐漸生成卷雲或卷層雲，這時太陽周圍會伴隨卷層雲出現光環狀的「暈」。隨後雲層漸漸變厚，使得暈消失，最後開始降雨。

雖說有暈出現天氣不一定會變差，但看到暈之後雲層會逐漸變厚，天氣有很大的機率會從西方逐漸轉雨。當日本天氣預報說「天氣將從西邊開始變差」時，請抬頭看看，有機會看見暈出現在浮著卷層雲的天空中喔。

富士山的笠雲及吊雲也可作為天

氣轉壞的參考依據（第一二二頁）。如果富士山以外地區也出現了莢狀雲，表示高空很潮濕、風力強勁，天氣可能從西側逐漸轉雨。看見飛機雲在天空殘留很久，通常表示高空潮濕，也是判斷天氣或許會變壞的根據（第一一二頁）。

此外，也有「朝霞不出門，晚霞行萬里」這種說法，表示如果出現朝霞就是雨天，出現晚霞就是晴天，但可信度不高。

由於日本及鄰近國家的低氣壓大多來自西方，所以這種說法可能是基於「如果早上東邊晴朗卻能看到朝霞，表示太陽照到西方的雲層，所以雨會從西方來」的想法。然而，西方也可能其實很晴朗，而且天氣也不一定從西方開始轉壞。

「出現晚霞就是晴天」也是相同道理，或許是源自「看見晚霞，代表西方天空很晴朗，所以隔天也會放晴」的理論。但是晚霞的形成是因為高空有雲，所以之後雲層也有可能增厚，轉變成雨天。

積雨雲的觀天望氣

我特別推薦大家親自對積雨雲進行觀察。積雨雲很難精準預測，觀天望氣能洞察天氣的急劇轉變，是最有效的方式。

頭巾雲（幞狀雲）

請大家先看向位於濃積雲的頂部、彷彿平滑帽子般的「頭巾雲」（台灣稱幞狀雲）。濃積雲發展時的上升氣流將高空潮濕的氣層抬升時，整層氣流凝結便會生成這種雲，這也代表著大氣狀態並不穩定。

積雨雲頂部左右橫展的「砧狀雲」也能解讀為大氣不穩定，可預想天氣將會突然變化。

有時砧狀雲被高空的風吹動，頂部變成濃密的卷雲。當從藍天的某個方向開始擴散出濃密的卷雲時，表示前方可能存在已發展到極限的積雨雲。

除此之外，在展開的雲層下方，

乳狀雲

也能看見凹凸不平的圓粒狀「乳狀雲」。由於乳狀雲會出現在積雨雲的前進方向上，頭頂有乳狀雲時須注意這可能是落雷或強風的前兆，最好提高警覺。

發現這些具有特徵的雲時，如果能養成立刻用手機搜尋雷達資訊，了解哪裡發生強降雨、雨雲有什麼動態的習慣，就無須擔心了。

等積雨雲靠近，將會隱約聽見雷鳴。倘若待在聽得到雷鳴的地方，會有發生落雷的風險。有時積雨雲四周還會有不斷逼近、宛如牆壁般的「灘雲」，此時積雨雲就在它的正後方。

灘雲（上圖）
雨柱（下圖）

另外，有時積雨雲下方還能看見「雨柱（雨瀑）」，外觀就像由雨水形成的柱子一樣。

上述現象都是預告著積雨雲將隨時逼近，天氣正要快速變化的證據，這種時候請儘速移動到安全的建築物內部避難。

運用氣象資訊，打造防災意識

俯瞰「雨雲當前位置」

現在哪裡正在下雨、雨雲朝哪個方向移動——關於這些即時降雨資訊（Nowcast），不僅可以透過日本氣象廳網站查看，也能在各氣象公司網站、手機應用程式等輕鬆獲得（或參考台灣的中央氣象署網站）。

氣象雷達資訊的一大優點是即時性，可以查看僅數分鐘前的資料，掌握「雨雲當前位置」。不只是雨雲，我們還能同時看到閃電或龍捲風的發生率。

若知道積雨雲位於何處、動向如何，就可以大致掌握它什麼時候會來到自己所在的位置，減少突然被雨所困的狀況。

除此之外，也可以藉由雷達資訊推算午後雷陣雨或陣雨何時通過自己的正上

積雨雲和彩虹

方，在適當的時機點朝太陽反方向的天空看去，就更容易遇到彩虹。關心雲的動態不但可以躲避危險，還可以追逐美景呢。

可用於降雨預測的兩種資訊

在日本氣象廳網站中，有提供兩種資訊方便民眾用來了解降雨情形。「雲雨動態」是用於查看瞬間降水量的強度（降水強度），內容會顯示目前正在下的雨如果持續一個小時，將會達到多少公釐的降水量。

相對地，「未來降雨（短時間降

雨預報）」，則會顯示一小時內累計的降水量分析及預測，例如「近一小時已經降下／或即將降下幾公釐的雨」。

「雲雨動態」僅表示當下的降雨強度，而從「未來降雨」則經常可見天空即使在短時間內（如十分鐘）降下大雨，一小時之後累計的降水量仍然很少。

舉例來說，當移動的積雨雲瞬間帶來滂沱大雨，「雲雨動態」將顯示很高的降水強度，但是在總計數據的「未來降雨」裡降水量卻不顯著。事先了解這些資料的特性再閱覽，更有助於想像之後會下怎樣的雨。

另外，在「未來降雨」還能看到十五小時內的降雨量預測，因此早上出門前，先查看目的地的降雨時段會很有幫助。在戶外活動時，隨時留意天空的變化，並配合參考「雲雨動態」的雷達資料，了解此刻哪裡有在降雨，就能更準確地避開下雨。

應對土砂、洪水災害的必要工具

在日本遇到發布大雨警報的日子時，可以參考氣象廳標示土砂、淹水、洪水災害危險度上升區域的「危險度分布圖」（KIKIKURU），對於確認現狀很有幫助。若圖上標示紫色的「第四級警戒」，代表危險度已達應遵循避難指示的程度。

當氣象驟變，有時地方機關來不及發布避難指示，或呼籲民眾緊急確保自身安全，因此在大雨持續期間應時刻關注「危險度分布圖」。一旦出現「紅色（需警戒）」或「紫色（危險）」時，趕快決定避難並迅速行動。

除了土砂災害，另有專門針對淹水、河水暴漲或氾濫的危險度分布圖。這些圖更新頻率約每十分鐘一次，讓民眾可以綜合掌握目前其他地區的危險程度。

理想的防災應對順序應為先查看「災害潛勢圖」，確認自己的居住區域有哪些地方處於危險情況。接著再看「未來降雨」，掌握截至目前「哪些地方」降下「多少雨量」，以及是否會持續下雨的資訊。然後決定要不要避難，並採取適當行動。不過，我們需要事前準備才能做好整個流程。

首先很重要的一點，就是平常要思考適合自己的避難做法。根據所在區域發生水災的危險程度、住家的儲備糧食、家庭成員組成、是否有養寵物等因素，都會有不同的最佳避難對策。在此基礎上，請把「危險度分布圖」、「未來降雨」當作判斷情況的工具，妥善運用即時資訊吧。

日本國土交通省提供民眾確認水災危險度區域的「綜合災害潛勢圖」，正是規劃個人最佳避難對策時很好用的工具。這份地圖會另外標示出土砂災害頻發的特別警戒區域。

這份綜合災害潛勢圖也可以查看提供避難的「指定避難所」，以及遇到極危險的情況時以保命為優先的「指定緊急避難所」。大家務必認識自身所在地區的水災風險，還有緊急時刻可避難的地方。

倘若你覺得「這樣還是很難判斷該避難的危險度」，可參考氣象廳的臨時記者會。當氣象廳召開臨時記者會呼籲嚴防颱風或豪雨時，代表情況真的很危急了。特別是看到氣象廳與國土交通省召開聯合記者會時，表示可能會出現特別警報級的現象，生命安全將受到威脅，務必要提高警覺。

哈吉貝颱風

事先迴避災難

近年來，遇到會出現颱風、大雨、大雪的預測，鐵路公司或航空公司便會提前發布臨時取消的「暫停營運公告」，有效減少了因突然失去移動工具而無法順利回家的「返家難民」。

此外，這幾年在新冠肺炎的影響下，會議線上化和遠距工作的環境漸趨完善。因此當天氣惡劣、外出有風險的時候，越來越多人可以在家工作。

遇到電車停駛無法上班的人，應該會直接選擇請假或遠距工作，但就算是自己開車通勤，在嚴峻天氣中出門仍然相當危險。二〇一九年在「哈吉貝颱風」侵襲時，就有人在回家途中因車子淹水而不幸死亡。

我建議各位讀者，「遇到危險天氣時，請直接請假，或是切換成遠距工作模式」。大家也可以一面注意氣象和交通資訊，等危險情況過去再出門上班。

特別是企業裡的管理階層，在做決策和下達指令之前，請務必以職員人身安全為優先。遇到災害的時候，本來就有很多工作無法進行，像這樣時候，選擇休息反而可以降低損失。

如果能在日本建立危險時不用去上班的文化，整體社會或許更有能力去對抗災害。因此，請大家不要顧慮過多，適時地「迴避災難」吧。

日本氣象預報士和氣象大學

說到氣象預報士，大家或許會聯想到在電視或廣播上解說氣象的人。其實，氣象預報士是通過日本氣象業務支援中心舉辦的氣象預報士考試，並經氣象廳長官登錄後所取得的「國家證照」。

「氣象預報士」是國家證照

一九九四年，日本政府針對氣象廳職責及民間的天氣預報制定了「氣象業務法」，同時建立氣象預報士制度。現在總共有一萬一千六百九十人登錄在案（截至二〇二三年四月）。設立此制度的初衷，原本是為了避免與攸關人命安危的防災訊息緊密相關的氣象資料遭個人濫用或不當傳播，進而引發社會恐慌，因此旨在培養妥善運用氣象廳提供之數值預報等高階預測資料的專業技術人員。

換句話說，在一九九四年以前，只有氣象廳職員能夠向一般民眾提供天氣預報，而氣象預報士則是為了讓民眾也能做天氣預報所設立的證照。

一九九四年也正值網路普及化的時期，資訊漸漸公開放到網路上，到了現在，無論是誰都可以直接取用第一手數值預報資料。在這種環境下，不知道如何解讀原生資料的人，可能會在網路上散播不真實的資訊。

現在用X（Twitter）等社群軟體，很快就能將資訊傳播出去，若是懂得依科學根據解讀氣象資料的專家，就能善用氣象預報士證照。雖然在這些人當中，也有人會故意炒作話題、採取誇張的說法，不顧數值預報模型等資料的可信度或不確定性，便直接在網路發表偏頗言論，但是絕大多數的氣象預報士，仍是致力於用淺白易懂又正確的方式傳達資訊。

民眾聽到氣象專家四個字，就會聯想到氣象預報士。就連以「雲研究家」的身分活動的我，也經常被誤認是氣象預報士。研究學者是在特定領域具有極高知識性的人，與追求廣泛知識的氣象預報士並不一樣。

氣象預報士的工作不只有預報，也要負責將研究學者使用的專業資料，翻譯成一般人容易了解的內容。在這層意義上，氣象預報士也是優秀的科學傳播者。

小學生也能當氣象預報士

氣象預報士的職責不只是做預報就好，還要懂得用科學依據來進行解說。氣象預報士考試沒有年齡限制，曾經也有小學生通過考試。考試合格率約百分之五，分為學科（一般、術科）以及實技項目。學科的部分為氣象學基礎、氣象廳發布的資訊，以及氣象業務法的相關問題；實技則包含解析天氣圖等問答式題目。

預報是指針對指定地區或地點的天氣，以科學根據進行預想並對外公開。有聘請氣象預報士證照持有者的民營企業，可向氣象廳長官申請「預報業務許可」，如若符合審核標準，就可以自行發布天氣預報。

順帶一提，若只是在電視、廣播等媒體念稿播報，並不需要氣象預報士的資格。不過，天氣預報的原稿則需由擁有專業知識的氣象預報士來製作。

學習氣象知識的入門書

曾有人問我：「我想報考氣象預報士，應該怎麼學習呢？」雖然預報士考試聽起來很難，其實只要有國中程度的理科知識就能掌握了。

想深入學習氣象知識有幾種方式。

首先是透過書籍學習，其中最經典的是《一般氣象學》（作者：小倉義光／東京大學出版會）。這本書出版於一九八四年，被立志學習氣象學的人視為聖經，現已推出第二增訂版。不過，此書內容有很多數學算式，讀者會覺得比較生硬。由於不少人反應要獨自讀通此書非常困難，於是我便著手寫了更偏入門級的讀物《雲裡發生什麼事？》（Beret 出版）。

此書的特色是利用各種插圖輕鬆解說氣象的物理現象，據說預報士考試的考生也會看。如果想要理解基礎知識，現在這本書應該也能提供許多幫助。

還有一個推薦大家的備考方式是多看日本氣象廳的網站。此網中站最大的優點是會持續公開關於氣象、氣候的資料，還可以得知最新消息。網站有許多介紹知識及解說的頁面，在「氣象專家用資料集」裡，甚至能即時參照使用於天氣圖或天氣預報現場的原始資料。另外還有許多關於歷史災害資訊、最新預測技術等等，皆是可當教材的內容。

網站上有關地球暖化的資料及解說也相當充實，對於《日本氣候變遷 2020》

等報告書中的暖化現狀、未來預測、各種成因都有詳細解析。

免費又無敵的教材

前述學習工具裡，最厲害的莫過於氣象廳網站中「氣象專家用資料集」提供的技術資料跟教科書，裡頭有大量關於氣象廳技術資訊的最新解說內容。此外，《綜觀天氣學》（作者：北畠尚子／氣象廳）是以氣象大學授課內容編寫的教科書，內文囊括基礎篇、應用篇、理論篇。

除此之外，《圖解中小規模氣象學》（作者：加藤輝之／氣象廳）一書，對積雨雲、大雨、龍捲風等理論有相當詳細的闡述。如今我們透過免費下載PDF檔，自己在家就能準備大學入學考，真的是一個很棒的時代。

我有一位朋友是氣象預報士專攻補習班講師，他會使用從氣象廳網站下載的天氣圖等資料，協助學生做預報實習。這種方式不僅能用即時資料練習，還可以在公開預報時核對答案。最近針對氣象預報士的補習班越來越多，也可以善用影片和線上講座來準備考試。利用各種方式來學習的環境已相當完善。

氣象大學的外觀

氣象廳職員不需要氣象預報士證照也可以做預報。我雖然沒有證照，但過去也在現場做過預報。不過，我本身是畢業自氣象大學，在學期間已受過預報工作的專業教育。

氣象大學是怎樣的學校？

氣象大學位於千葉縣柏市，為隸屬於氣象廳的「公家機關」。它和日本防衛大學、防衛醫科大學一樣，是培育氣象廳中堅職員的大學，也是傳授職員專業知識的進修機構。

在制度上，於進修部學習預報的職員可以免除部分預報士考試。氣象廳的其他「公家機關」還包括我現在任職的氣象研究所、高層氣象台、氣象衛星中心等單位。

想要進入氣象大學就讀，需接受和一般大學相同的考試。考試時間比較早，通常在十到十二月之間，從高三生到二十歲的人皆可報考（高中畢業兩年以內）。

畢業後學校將授與理科學士的學位，與理學系四年制大學一樣。不過，入學者等同是氣象廳錄用的公職人員，因此在學中能領取薪水。也因為身分是公務員，就學期間不得經營副業或打工。

我的同學之中，有人成為氣象廳行政官，也有人在氣象研究所或氣象廳各部門做研發。當然也有部分的人會中途退學，選擇其他職涯路線。

意想不到的校長

氣象大學跟普通大學最大的不同是學生人數。全校所有年級加起來至多六十人，每一個年級大約只有十幾人。相較之下，專任教職員則多達二十五人，做畢業研究時，通常都能獲得一對一的指導。對於有心學習氣象學的人來說是相當奢侈的環境。

氣象大學在物理學、資訊學、氣象方面的課程極為充實。由於氣象廳的職務不只有氣象，還包含地震、火山、海嘯、海洋的觀測，所以需要學習所有地球科學的知識。其他像是防災行政論、防災社會學等高職務需求的科目，也會安排到戶外做觀測實習。

我原本就希望能用數學研究生活相關的領域。跟高中的物理老師商量升學問題時，他給了我一本氣象預報士考試的問題集，這就是我跟氣象學的初次邂逅。因為我想更深入學習，也看了《百萬人的天氣教室》（作者：白木正規／成山堂書店），以及前述的《一般氣象學》。之後，基於我的目標是生活領域，我決定鑽研計量經濟學而進入經濟學系就讀，可惜沒有遇到感興趣的研究室，最後才轉去氣象大學。

進入氣象大學後最令我驚喜的，便是我的愛書《百萬人的天氣教室》作者白木正規老師，居然是當時的校長。我立刻帶著書衝去校長室請他幫我簽名，他還答應當我的一對一專題研討指導老師。

除此之外，因為我想在研究中活用數學，便拜專業為氣象力學的金久博中老師為師。在主流皆以數值預報模型進行研究的時代，金久老師仍堅持只用紙筆計算算式、求解線性方程式。能夠和這樣的老師合作，在我的畢業研究裡討論溫帶低壓發展理論，實在是非常寶貴的經驗。

氣象研究跟格鬥竟有共通處？

我從小學就開始學習劍道，進入大學後也想繼續鍛鍊，但在附近找不到道場，於是開始在去學校途中的一間自由搏擊拳館練習。

在那之後，我全心投入自由搏擊，多次參加業餘比賽。每天過著早晨去慢跑，在大學上完課或做完研究後，晚上就泡在拳館的日子。

然而，在某一次比賽勝利後，我的腳出現劇烈疼痛。原來是比賽時撞到膝蓋，半月板裂開了。後來，只要長時間跑步膝蓋就會疼痛，減重因此變得很困難，我只好停止訓練。

幸運的是，最近我家附近開了一間自由搏擊拳館，我又重新開始練習了。

年輕時的筆者（左）和泰籍教練（右）

無論是氣象研究還是自由搏擊，都是一場自己跟自己的戰鬥。寫論文的時候、打沙袋的時候，最終都是在面對自我。

此外，兩者還有其他共通點。研究是透過觀測等資料，對現象特徵進行分析，然後從得出的結果中建立理論架構。而在自由搏擊中，我會錄下自己的影片並分析動作上的習慣，不斷調整成更有效率的動作。

在我看來，這些過程都是一種「研究」。從這個意義上來說，自由搏擊跟氣象研究可說是互有關聯呢。

把氣象變成「工作」

除了在電視或廣播裡解說天氣以外，有許多工作也能用到氣象預報士的證照。

在氣象公司製作天氣預報、以地方機關職員身分到防災現場指揮、在出版社做氣象專業書籍的編輯、戶外運動的指導教練、提供登山客山區氣象資訊的專家、飛機駕駛員、軟體開發者、學校的理科教師……在諸多領域裡，都能見到氣象預報士活躍的身影。

氣象也會給商業活動帶來影響，因此也有人將氣象專家所擁有的知識運用於相關領域。根據最近的新聞報導，某大型保險公司內部將擴大招募氣象預報士直到二〇二五年。

看來增強氣象資料的分析能力，除了能為氣候變遷造成的事業風險問題提供準確度更高的服務，對於防範大型災害、火災保險理賠範圍等保險金設定的工作也能派上用場。

我想應該有不少人的考試動機只是想考考看，或是想學習氣象知識等等，並沒有想過要如何運用證照。實際上，針對有預報士證照者所做的問卷調查顯示，在製作預報的氣象公司上班者約占百分之十二，剩下百分之八十八都屬於其他領域。曾經也有人問我：「我雖然考到了證照，但不知道該怎麼用。」

或許你今後可以參與地區防災宣導，或倡導防災意識的活動，也可以當線上課程的派遣講師。利用社群網路分享資訊，說不定也能找到活用知識的機會，亦或是跳脫現在的框架，開拓可運用氣象資料解讀能力的新工作。

雲研究家與烏鴉的對決

觀測工作和小狗、烏鴉的關聯

聽到「研究雲」三個字，大家或許會以為我平時都穿著白袍，悠閒地眺望著美麗的天空。事實上，我的生活非常狼狽。

舉個例子來說，直到不久之前，烏鴉一直是我的心頭大患。

近年頻頻傳出因氣象引發的災難，分析及預測會帶來豪雨、豪雪、龍捲風等災害的雲層結構和形成機制，已然成為當務之急。這類雲多半發生在局部地區，且會在短時間內變動，儘管我們希望預測的準確度高，現階段仍然有難度。

若要實現高準確度預測，必須以高頻率觀測大氣狀態及雲的物理量。因此，我開始利用「地面微波輻射儀」來觀測大氣和雲。

大氣中的氣體分子、水蒸氣，以及包括雲在內的所有物質，都會發出電磁波

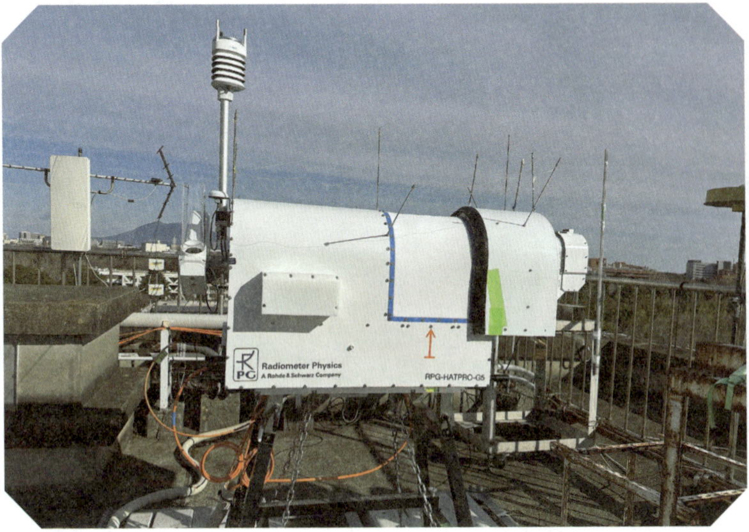

地面微波輻射儀

（輻射）。這些物質之間會造成不同的高靈敏度頻率，透過其輻射的強度，我們可測量出大氣中存在多少目標物質。輻射儀是一種用於接收及觀測輻射強度的機器，而用於觀測微波範圍輻射強度的，就叫微波輻射儀。

氣象衛星也有搭載微波輻射儀以偵測大氣和雲層，我所用的則是地面型微波輻射儀。利用這個機器，我能夠對數值預報模型難以應付的大氣底層水蒸氣或氣溫，進行準確又高頻率的分析。

這台微波輻射儀看起來是不是很像一隻趴著的小狗呢？

開始有這種念頭之後，它就越看越像小狗了。這其實是一種「空想性錯視」現象。比如說，在心理作用之下，我們覺得雲看起來很像某些看過的動物。一旦我們這麼認定，之後就會覺得它就是那個模樣。自從我說出微波輻射儀很像一隻狗，其他相關人員也跟著叫它「小狗」了。

我將微波輻射儀設置在氣象研究所的屋頂，正當我拿它跟普通測量儀器做觀測比對時，問題就發生了。覆蓋機器接收微波部位的雷達罩，居然多次出現破洞。雷達罩是用能讓微弱微波穿透的特殊柔軟材質製成，沒想到卻被烏鴉啄破了。

事已至此，我只能挺身跟牠們奮戰。輻射儀是很精密且極為昂貴的儀器，一旦雷達罩出現破洞，雨水滲入內部，就會導致機器故障。筑波的烏鴉又特別凶悍，為了防範牠們，我經過多次的嘗試與失敗之後，終於找到解決辦法。我在輻射儀四周用釣魚線架起網子，讓烏鴉無法直接靠近。自從採用這個做法之後，至今沒有再遇到烏鴉引起的鳥災。

除了微波輻射儀以外，其他觀測儀器好像也需要防範烏鴉。現在，氣象廳內部甚至逐漸形成一種共識：「筑波沒問題的話，國內其他地方也都沒問題了」。

觀測現場是體力活

從事氣象研究其實也是一場體力戰。

特別是做野外觀測的人，他們的形象與「穿白袍的知性研究學者」可是大相逕庭。以前，我為了替野外觀測做準備，曾使用名為微量滴管的實驗工具往微波輻射儀滴水，測試在戶外環境下可能出現的誤差。

為了排除雲層帶來的輻射干擾，我和同事兩人在夏日晴空下緊盯著室外的輻射儀，用微量滴管不停往機器上滴水，持續觀察實際數據與理論值之間的誤差。結果我們倆都感到身體不舒服，切身感受到體力在觀測工作的重要性。

觀測雪的工作也是靠體力決勝負。我的研究主要是針對已落下的雪做分類及結晶觀測，但研究積雪的人還要對雪層做剖面觀察，這又是另一項大工程了。他們必須垂直挖掘積雪，觀察內部結構，回溯過去哪個時期下了哪種類型的雪。這種觀測對找出引發雪崩的脆弱層很重要，但是挖掘沉重積雪的過程卻相當累人。

每到下雪時節，跟我合作的新潟縣長岡市雪冰防災研究中心的研究者幾乎每天都在鏟雪和觀察雪層剖面。在他們的研究簡介裡，開頭總是會用「研究雪是一項體力活！」這句經典台詞。從天而降的雪看似輕盈，堆積起來卻超乎想像沉重。

話雖如此，這些觀測研究的魅力仍遠勝過程的勞累。透過自己觀測到的數據，能夠讓我們看見該現象本質的其中一個面向。這不是單純使用氣象廳提供的資料能夠體會的感受，總是令人欲罷不能。正因為可以用這些資料來進行研究，觀測工作才如此有趣。

用古代語言來解讀雲

現在小學也開始有程式設計的課程，程式語言變得越來越貼近生活，不過，各位有聽過「Fortran」這個名稱嗎？

Fortran是在一九五四年由IBM公司的約翰・巴克斯（John Warner Backus，一九二四－二〇〇七）編寫的世界第一套高階程式語言。它適合用於科學技術運算，過去廣泛為人們所用。

雖說目前主流已被「Python」這類指令稿型的語言取代，使Fortran儼然成為「古代語言」，但在氣象學界它仍是活躍於第一線的程式語言。大規模的地球科學模擬通常都是使用 Fortran，連氣象廳在天氣預報中使用的數值預報模型也是用 Fortran 所寫的。

這是因為 Fortran 在平行處理方面十分有效率，很適合讓超級電腦用它來做大規模運算。若不用 Fortran 先平行化，根本不可能執行龐雜的數值模擬計算。流體方面的研究或氣象預報，無論過去還是現在，都無法缺少這個古代語言。

氣象模擬最耗時的是「雲」。

因為雲包含許多物理現象，需要計算非常多類型的粒子。而運算成本實在太高昂，目前的天氣預報會在盡量維持準確度的情況下簡略過程，將水的雲滴、冰晶、雨、雪、霰分開呈現。

不管處於什麼環境

回想起來，其實在我到氣象研究所任職前，還在地方氣象台工作的時候，我就已經開始研究雲了。當時預報現場會輪晚班，我便運用閒暇時間解析雲的數據資料和撰寫論文。

過去在預報現場的筆者

那時，氣象廳讓地方氣象台的電腦安裝中尺度模型（第二五一頁）以進行調查研究，我便用既有的電腦環境進行模擬。

然而，那個電腦系統有很多東西無法執行，我便直接用性能好一點的自用電腦（以當時來說）建構一套系統，方便做一定程度的大規模運算。我以五十公尺的網格間距進行高解析度模擬，順利重現了龍捲風的氣旋。只是光要計算五十分鐘後的狀態就耗費約一週的時間，這也是一段美好的回憶。

我將執行模型的電腦系統分享在氣象廳的內部網站，後來漸漸普及到全國各地的氣象台。除此之外，我還開發有關模型的數值實驗工具、都卜勒雷達的資料解析程式、讓初始值能讀取新觀測資料的系統等等。我在氣象台期間總是一邊做預報，一邊做研究開發。

這段時間讓我體悟到，「當你有熱情，在任何環境下都有很多能做的事」。像我這樣待過預報現場的研究者應該不多。在預報現場，若遇到警報級大雨，大家總是忙成一片。不僅狀況時時都在變化，我們還要一邊解析觀測資料，同時製作並發布警報或警訊。跟縣機關共同發布的資訊，也是在電話中邊說邊調整。我至今仍記得每次要按下警報按鈕時內心的一股緊張感。為了幫助忙碌的預報現場做事更流暢，我現在仍會提醒自己要將研究成果回饋給現場的人。

我的母校氣象大學並沒有研究所，我是在調到氣象研究所之後，以論文博士制度取得學術型博士學位。當時我的指導教授是三重大學的立花義裕先生。我去聽立花教授演講時，發現他認為「快樂學習氣象學有助於推廣防災意識」的理念和我很像，因此深受感動。

立花教授最令我尊敬的地方是他對任何事物都能樂在其中。最近我會和教授搭船去做海洋觀測，我再次深深覺得想要和教授一樣，能夠縝密地建立及執行觀測計畫，然後抱著開心的心情期待最後成果。

立花教授推薦了一本書給我，書名叫《狗屁工作之謎 為什麼無意義的工作一大堆》（原日文書名：ブルシット・ジョブの謎 クソどうでもいい仕事はなぜ増えるか。作者：酒井隆史／講談社現代新書）。其內容在教導讀者認清哪些是無意義的工作，學著盡量避免它們，更有效率地運用有限的時間。

雖然懷抱熱情到任何地方都有一定程度想做的事，但有一個想做就能做的環境也很重要。工作時最好能避開像是為開會而開會這類的無意義工作，投入更具創意性和生產性的事。

把經驗法則化為科學

「傍晚若有層雲從西南方飄來，就會起濃霧。」

我任職日本銚子地方氣象台時，曾在預報現場聽到這句經驗法則。那時，如果在夏季傍晚做觀測時遇到話

銚子夏霧

中所說的情況，隔日的黎明或早晨確實有高機率發生濃霧。

這種判斷純粹是依靠現場的經驗談，無論查閱多少過去的相關文獻，都找不到證實這句經驗法則的科學依據。而且，這種類型的濃霧也很少在數值預報模型上出現。我無可奈何，只好當成研究主題自己調查。

首先，我在檢視此類的霧發生情況時，發現不只銚子如此，千葉縣南部的勝浦也有很多同時發生濃霧的案例。此外，銚子的層雲飄來的速度很快，於是我用剖風儀研究勝浦上空的風，發覺勝浦夜間的低空風力很強。

我又深入調查，才知道這是名為「夜間低層噴流」（nocturnal low-level jet）的現象。勝浦的層雲位於低空一定高度時，將乘著風力轉強的下層噴流，從西南方飛到銚子上空，濃霧即是在這層宛如蓋子的下層噴流底下發展。

不過光是這樣，我還是不知道濃霧本身發生的主因。就在那時，我正好有機會去勝浦檢查測量儀器，順便到當地四處觀察，意外注意到千葉縣的水產綜合研究中心。我臨時跑去拜訪，並有幸能直接向海洋研究者請教。他們告訴我，夏季勝浦外海的局部海面水溫會變低，我認為這可能是促成濃霧的重要線索。然而，沒有人清楚它的成因，我翻閱文獻也沒有找到，因此沒有繼續進一步細查。

對於我突然造訪也沒有回絕的海洋研究者跟我說，這片冷水海域在夏季，會吹起持續且強烈的西南風，使得冰冷海水湧升，這就跟反聖嬰現象一模一樣。

現在一切都說得通了。

勝浦外海出現冷水海域時，關東正處於太平洋高壓東北方，同時又吹著西南風。當溫暖潮濕的空氣隨高壓環流而來，卻因這片冰冷海域而降溫，霧便因此形成了。不只如此，在這種氣壓分布的狀態下，加上夜間出現的下層噴流，使這片霧又轉為濃霧。而在整個變化過程的初期，層雲正好隨著西南風飛到銚子——「傍晚若有層雲從西南方飄來，就會起濃霧」，這句話終於獲得科學印證了。

另外，勝浦外海的冷水海域屬於局部現象，當時並沒有輸入數值預報模型的初始值。在我用海面水溫的詳細實際數據去模擬後，終於順利重現濃霧。

我將這份研究報告回饋給氣象台的預報現場，讓他們當作發布濃霧警告時的指標。當時聽到那句經驗法則時內心那股不可思議的驚奇，以及分析出其科學依據後的興奮，直到我從預報現場轉為研究員之後，記憶依然非常鮮明。

為了「掌握雲」

要理解充滿未知的雲，並且掌握它們的動向，我們有很多事情可以做。

我任職地方氣象台時，曾跨越省廳之間的界線，直接調用環境省的資料來做解析並用於研究。因為只靠氣象廳的 AMeDAS 觀測資料，無法掌握積雨雲的實際狀況，我便開始尋找更詳細的資料。我發現環境省的大氣污染物質廣域監視系統「Soramame」在市中心有高密度氣溫、濕度、風的觀測網，這些資料對了解局部地區積雨雲的狀態很有幫助。

將Soramame的資料輸入初始值進行模擬，重現大雨的準確度竟大幅提升，後來，AMeDAS也開始導入濕度計的數據。透過新的觀測方法強化目標現象的預測準確度後，氣象廳全體的工作效率也跟著提高了。

我現在也正在研發地面微波輻射儀的運用方式。為了分析積雨雲的機制，以高頻率且高準確度的方式觀測大氣而開始研究新的做法，也彰顯了微波輻射儀對觀測的有效性。

療癒人心的彩雲

氣象廳正致力於提升線狀雨帶的

預測準確度，我也是參與者之一。我在二〇二二年於西日本共十七個地點設置微波輻射儀，並將觀測資料交由氣象廳內的預報現場監控實況，結果也顯示數值預報因此變得更精準。

藉由新的觀測方法不但可以更了解雲的實際狀態，也能提升預報準確度。為了「掌握雲」，我會繼續腳踏實地做研究，並堅持下去。

透過拍雲，在天空串連彼此

雲研究家的生活總是很早起。常有人說根本沒見過我睡覺，其實我也有好好休息。只不過，深夜跟清晨比較不會有電話、郵件和會議，我能專心進行分析或寫作，所以經常在天色昏暗的時間帶活動。

這樣的日子裡，拍攝雲是我維持工作與生活平衡，每日唯一不可或缺的樂趣。單純喜歡雲當然也是一大主因，但我還有其他動機。氣象狀況會改變雲的型態，在十個雲屬裡，每個雲屬都能再細分成不同種類，我拍攝雲也算是為寫書收集素材。此外，若我過於投入研究，常常沒有機會看天空，這樣不利於心理健康，

伴隨中尺度氣旋的雲

所以拍雲也是一種休息。

遇到很稀奇的雲時，我會上傳到X（Twitter）等社群網站，並附註雲的名稱。在網路上分享資訊不僅是想傳播氣象和雲的美好及趣味，主要也是想讓大家透過認識氣象，提高防災意識。除此之外，我還有一個實用性的理由。

粗略估計我至今為止所拍的雲照，似乎已經超過四十五萬張了。要從數量如此龐大的檔案庫找出特定的照片，實在相當累人。但是我只要在X（Twitter）等社群網站搜尋自己的帳號，再加上雲的名稱，就可以找到想要的照片跟拍攝日期。

拍雲的照片也能幫助我的研究。二〇一五年夏天，我在雷達上看到有積雨雲正在接近筑波，於是便到頂樓等待。沒想到來的積雨雲居然是超大胞，讓我親眼見識到伴隨中尺度氣旋的雲。國內尚不多這種完整捕捉雲的生成與衰退的詳細影像，我立刻用雷達等儀器進行分析，並寫成論文發表。

其實，雲的影片是調查實際情況的有效觀測資料之一。從網友們傳給我的照片或影片，經常能看到非常罕見或是富有科學研究價值的現象，這也算是一種公民科學吧。

也有很多人為這本書提供了美麗的天空和雲的照片，翻閱著這些照片，總會讓我重新感受到自然之美和其多樣性。

各位讀者若發現有趣的雲，請一定要傳給我喔。

結語

為什麼天空是藍色？為什麼雲會浮在空中？

為什麼會下大雨？未來的天氣要怎麼預測？

平常沒有特別注意的話，大家可能不會想到這些問題，只是覺得「天空好美」、「有一朵很特別的雲」，然後隨手拿起手機拍照分享到網路上。我寫作本書的用意，即是希望這樣的人能夠更享受氣象學，變得更懂得欣賞天空和雲。

天空跟雲都是我們很熟悉的事物，但要用科學方式解釋「氣象學」，就需要用數學公式理論性地描述物理現象，常常讓人覺得過於艱澀。因此，本書特別採用生活中常見的熟悉景象，向讀者介紹天空和雲的結構。

請大家翻回本書開頭的那幾張美麗的照片。

下過雨的傍晚天空上出現的絢麗彩虹橋、染上深紅色的壯闊朝霞、夏季蔚藍天空湧現的白雲、好像會發生好事的彩虹雲。

各位讀完本書之後，是不是覺得跟閱讀前看到的感覺不一樣呢。

首先是彩虹。這道虹的內側出現了多重虹，因為弧度接近半圓形，推測是日落時下過雷陣雨所形成的彩虹。由於彩虹端點附近有長條狀影子往反日點延伸，那是反雲隙光，因此能夠推想西側天空有發展的雲層產生了雲隙光。

而染上深紅朝霞顏色的是高雲族的卷雲。因為背景的天空還是群青色，此時應該是太陽還在地平線下的黎明時刻，由此可知，那是經過瑞利散射的紅光照在雲層上。

湧現在藍天上的是濃積雲，雲底把「舉升凝結高度」具象化了。藍天裡還有卷雲跟飛機雲，可見高空很潮濕。

最後是彩虹色的雲朵——彩雲的照片。這是因大氣重力波形成的波狀卷積雲位置靠近太陽，所以變成彩色的。從空隙間可看到一層模糊的雲，這表示冰晶正在成長，之後由過冷雲滴形成的卷積雲應該會消失。

大約十年以前，氣象學的書不是滿滿的數學公式，就是只有搭配簡單說明的照片。那時，我覺得這樣好像在說「氣象學是很崇高的學問，不會數學的人就放棄吧」，在學問與人們之間築起一道高牆，而我想要打破這道牆。

抱著這個想法出版幾本大眾書之後，仍舊有讀者反應「內容很難」，於是我開始注重易讀性，推出《超厲害的天氣圖鑑》（KADOKAWA）系列，甚至連小學生都成了讀者群。雖然此書的內容仍然很重視專業性，但圖鑑畢竟是以淺白易懂為優先，跟我最想寫的「系統性理解氣象學」是不同方向。

因此，我又執筆寫了這本書，目標是帶領大家認識如何欣賞美麗的天空、氣象學的歷史、氣象學者的奮鬥及吸引人的小故事、氣象學如何發展而來，以及最新的研究進展，使讀者可以更加融入氣象學的世界。

氣象學是一門對每個人敞開大門的學問。我們的世界常常受到天氣影響，而學習主掌天氣的氣象學，也等於是更豐富我們的生活。

我們可能更容易遇見動人的天空和雲朵，也能懂得從災害保護自身安全，而且只需要多一點點知識，天空的解析度就能瞬間提升——這是投入氣象學的其中一個好處。

研究天空各種現象的氣象學仍在不斷發展，今後的研究想必會繼續找到許多新發現。現階段就連在天上不斷增大的積雨雲也仍是一個大謎團，學者還在努力解析，這樣一想，是不是有種踏上冒險的興奮感呢？

隨著電腦科技的發展，氣象學也在急速進步。想要建構理論、驗證計算結果，新的觀測技術也很關鍵。未來我們要處理的資料將變得更加龐雜，氣象學與資訊學之間的分工合作也越趨重要。

氣象學可以提升在災害中保護人身安全的防災資訊品質，並且正確理解地球暖化、極端氣候等全球規模的氣候現象，藉以訂定相關政策，以後定然也會持續蓬勃發展。

如果本書能成為大家對氣象學感興趣的入門磚，我會非常欣喜。

荒木健太郎

參考文獻・網站

書籍

※未出版繁體中文版之書籍，保留原日文書名，以供參考查詢。

◆《超厲害的天空圖鑑：解開天空的一切奧祕！》（荒木健太郎著，小角落文化，2022）

◆《超厲害的天空圖鑑 2：了解天空的一切奧祕！》（荒木健太郎著，小角落文化，2023）

◆《超厲害的天空圖鑑 3：揭曉雲的一切奧祕！》（荒木健太郎著，小角落文化，2024）

◆《雲裡發生什麼事？（雲の中では何が起こ）》（荒木健太郎著，Beret 出版，2014）

◆《愛雲的技術（雲を愛する技術）》（荒木健太郎著，光文社新書，2017）

◆《世界上最棒的雲教室（世界でいちばん素敵な雲の教室）》（荒木健太郎著，三才BOOKS，2018）

◆《氣象研究筆記 南岸低氣壓帶來的大雪 I：概觀、II：多尺度的要因、III：雪冰災害及預測可能性（気象研究ノート 南岸低気圧による大雪）》（荒木健太郎、中井専人編，日本氣象學會，2019）

◆《圖解 氣象學入門 從原理認識雲、雨、氣溫、風、天氣圖（図解 気象学入門 原理からわかる雲・雨・気温・風・天気図）》（古川武彦、大木勇人著，講談社 BLUE BACKS，2011）

◆《新 百萬人的天氣教室（新 百万人の天気教室）（第二增訂版）》（白木正規著，成山堂書店，2022）

◆《一般氣象學（一般気象学）（第二版增訂版）》（小倉義光著，東京大學出版會，2016）

◆《綜觀氣象學 基礎篇、應用篇、理論篇（総観気象学 基礎編・応用編・理論編）》（氣象廳監修，北畠尚子著，氣象廳，2019。理論篇為 2022）

◆《圖解 中小規模氣象學（図解説 中小規模気象学）》（氣象廳監修，加藤輝之助，氣象廳，2017）

◆《阿部正直博士逝世五十週年紀念 雲博爵 以博為志的伯爵（阿部正直博士没後50年記念 雲の博爵 伯は博を志す）》（御殿場市教育委員會著，御殿場市教育委員會社會教育課，2016）

◆《氣象學與天氣預報的發展史（気象学と気象予報の発達史）》（堤之智著，丸善出版，2018）

◆《應用氣象學系列 光的氣象學（応用気象学シリーズ 光の気象学）》（柴田清孝著、木村龍治編，朝倉書店，1999）

◆ 『Storm and Cloud Dynamics 2nd Ed.』(Cotton, W. R., et al. , Academic Press, 2010)
◆ 『Atmospheric Halos and the Search for Angle x(Special Publications)』(Tape and Moilanen, American Geophysical Union, 2006)

論文

◆ 〈富士山的雲形分類〉阿部正直（1939），氣象集誌，17:163-181.
◆ 〈富士山上的笠雲和吊雲之統計調查〉湯山生（1972），氣象廳研究時報，24:415-420.
◆ 〈關於所謂「水結晶」之驗證〉油川英明（2012），雪冰，74:345-351.
◆ 〈嘉永元年（一八四八年） 庄內地區所見之大氣光象紀錄〉綾塚祐二（2018），天氣，65:255-258.
◆ "Radar estimation of water content in cumulonimbus clouds" Abshaev, M. T., A. M. Abshaev, A. M. Malkarova, and Zh. Yu. Mizieva (2009). *Izv. Atmos. Ocean. Phys*, 45:731-736.
◆ 〈伴隨南岸低氣壓之關東平原的雪和雨綜觀規模環境場〉荒木健太郎（2019），氣象研究筆記，240:163-173.
◆ 〈公民科學之超高密度雪結晶觀測「＃關東雪結晶計畫」〉荒木健太郎（2018），雪冰，80:115-129.
◆ 〈促發伴隨低氣壓之那須大雪表層雪崩的相關降雪特性〉荒木健太郎（2018），雪冰，

80:131-147.

◆ "Characteristics of atmospheric environments of quasi-stationary convective bands in Kyushu, Japan during the July 2020 heavy rainfall event" Araki, K., T. Kato, Y. Hirockawa, and W. Mashiko (2021). *SOLA* , 17: 8-15.

◆〈氣膠、雲、降水相互作用之數值模擬〉荒木健太郎、佐藤陽祐（2018），氣膠研究，33:152-161.

◆ "Midweek increase in U.S. summer rain and storm heights suggests air pollution invigorates rainstorms" Bell, T. L. et al. (2008). J. Geophys. Res. , doi:10.1029/ 2007JD008623.

◆〈地面微波輻射儀之大氣熱力場觀測及其應用〉荒木健太郎（2023），令和四年預報技術研修教材（氣象廳），29:1-85.

◆ "Monitoring system for atmospheric water vapor with a ground-based multiband radiometer: meteorological application of radio astronomy technologies" Nagasaki, T., K. Araki, H. Ishimoto, K. Kominami, and O. Tajima (2016). *J. Low Temp. Phys.*, 184:674-679.

◆ "The impact of 3-dimensional data assimilation using dense surface observations on a local heavy rainfall event" Araki, K., H. Seko, T. Kawabata, and K. Saito (2015). *CAS/JSC WGNE* Research Activities in Atmospheric and Oceanic Modelling, 45:1.07-1.08.

- 〈二〇一一年四月二十五日 千葉縣西北部發生之龍捲風事例分析〉荒木健太郎（2012），平成二十三年度東京管區調查研究會誌，44.
- 〈千葉縣太平洋側南南西風場之夏季夜間海霧分析〉荒木健太郎、菊地勝敏、手塚隆夫、野倉伸一、小柴厚（2011），平成二十二年度東京管區調查會誌，43.
- 〈二〇一五年八月十二日筑波市觀測之中尺度氣旋 Wall Cloud〉荒木健太郎、益子涉、加藤輝之、南雲信宏（2015），天氣，62:953-957.

網站

- 情報通信研究機構（NICT）「向日葵號即時網頁」（https://himawari8.nict.go.jp/ja/himawari8-image.htm）
- 美國國家航空暨太空總署（NASA）「Worldview」（https://worldview.earthdata.nasa.gov/）
- 氣象廳「氣象專家用資料集」（https://www.jma.go.jp/jma/kishou/know/expert/）
- 氣象廳「雲雨動態」（https://www.jma.go.jp/bosai/nowc/）
- 氣象廳「未來降雨」（https://www.jma.go.jp/bosai/kaikotan/）
- 氣象廳「KIKIKURU（危險度分布）」（https://www.jma.go.jp/bosai/risk/#elements:land）
- 氣象廳「今後的雪」（https://www.jma.go.jp/bosai/snow/）

- ◆氣象廳「氣候變遷監控報告 2022」（https://www.data.jma.go.jp/cpdinfo/monitor/）
- ◆文部科學省・氣象廳「日本氣候變遷 2020」(https://www.data.jma.go.jp/cpdinfo/ccj/)
- ◆氣象廳氣象研究所「＃關東雪結晶計畫」（https://www.mri-jma.go.jp/Dep/typ/araki/snowcrystals.html）
- ◆氣象廳氣象研究所新聞稿「近四十五年之局部豪雨發生頻率上升～梅雨季的增加程度最為顯著～」（https://www.mri-jma.go.jp/Topics/R04/040520/press_040520.html）
- ◆氣象廳新聞稿「哈吉貝颱風挾帶大雨之主因」（https://www.jma.go.jp/jma/kishou/know/yohokaisetu/T1919/mechanism.pdf）
- ◆筑波大學新聞稿「太平洋側帶來降雪的南岸低氣壓於聖嬰現象時期增加——說明熱帶太平洋海水溫度變動的影響」（https://www.tsukuba.ac.jp/journal/images/pdf/170601ueda-1.pdf）
- ◆筑波大學新聞稿「與普遍認知不同之焚風現象生成機制」（https://www.tsukuba.ac.jp/journal/pdf/p202105171024.pdf）
- ◆國土交通省・國土地理院「災害潛勢圖隨身網」（https://disaportal.gsi.go.jp）
- ◆FUKKO DESIGN note「防災行動指南」（https://bit.ly/3oH06Om）
- ◆世界氣象組織（WMO）「International Cloud Atlas Manual on the Observation of Clouds and Other Meteors（WMO-No.407）」（https://cloudatlas.wmo.int/en/home.html）

閱讀指南

本書提到許多關於氣象學的話題，著重解説時的易懂性。

如果你覺得「氣象學好有趣」，請務必看看我推薦的書籍或網站。

氣象學就是越學越有趣。希望大家都能透過學習氣象學，讓人生更充實豐富。

文章網址：

https://note.com/diamondbooks/n/n0b174bf6d64a

照片提供

星井彩岐（封面附錄・正面：積雨雲／封面附錄・背面：彩雲）、豬熊隆之（封面附錄・背面：布羅肯奇景、下外切弧／第107頁：波濤雲）、川村にゃ子（封面附錄・背面：虹、光環、環天頂弧、上切弧環地平弧、下切弧／第32頁：將大氣重力波化為肉眼可見的波狀雲／第115頁：光柱／第118頁：馬蹄雲／第124

頁：飛機雲（下圖）／第158頁：紅彩虹、白虹／第202頁：月暈、幻月／第206頁：糙面雲／第363頁：吊雲／第378頁：積雨雲和彩虹）、佐佐木恭子（第30頁：公園的天使之梯）、Ikumi Suzuki（第35頁：布羅肯奇景）、寺田サキ（第36頁：白虹／第363頁：波狀雲）、佐野ありさ（第37頁：目暈、幻日、幻日環／第198頁：月球的主要地名（圖片））、寺本康彥（第44頁：過衝的積雨雲和砧狀雲／第268頁：積雨雲）、玉泉幸久（第67頁：日本伊勢灣的海市蜃樓）、初谷敬子（第120頁：富士山的吊雲（左）和笠雲（右））、關口奈美（第130頁：瀑成雲）、まりも（第139頁：愛心形狀的吊雲）、ふわはね（第152頁：太陽高度偏高時，出現在低空的彩虹）、寺澤務（第168頁：暈和弧）、海老澤左知子（第170頁：環天頂弧）、伊藤敏明（第170頁：環地平弧）、前崎久美子（第172頁：很像彩雲的環地平弧）、佐久間祐樹、智央、好央（第180頁：藍色時刻）、長峰聰（第240頁：蒸氣霧）、酒井清大（第255頁：大氣不穩定的天空出現閃電／第321頁：積雨雲）、惣慶靖（第374頁：乳狀雲）、ほずみ（第375頁：灘雲）、渡邊木板美術畫舖／Aflo（第176頁：〈名所江戶百景〉的〈八景坂鎧掛松〉）、星野Tomamu度假村（第242頁：從雲海平台看見的雲海）、美國國家航空暨太空總署（NASA）（第47頁：卡門渦旋／第142頁：沙塵暴的模樣／第306頁：東西向又長又廣的梅雨鋒面雲層／第382頁：哈吉貝颱風）、情報通信研究機構（NICT）（第141頁：#修復人心／第292頁：夏至的地球）、美國國家海洋暨大氣總署（NOAA）（第147頁：彩虹／第152頁：太陽高度偏低時，出現近似半圓的彩虹／第317頁：2014年2月15日登陸關東的南岸低氣壓）、日本氣象廳（第245頁：日本氣象衛星「向日葵」拍的照片）、Adobe stock（第91頁：火箭雲／第105頁：形似「龍之巢」的巨型積雨雲一角／第227頁：雹／第326頁：超大胞）、荒木健太郎（其他所有照片）

特別感謝

特別感謝參與本書製作期間「搶先看活動」的一千七百〇一名「雲友」，今後也請多多指教。

田畑博文、高松夕佳、鈴木千佳子、森優、宇田川由美子、神保幸恵、伊藤洋介、佐々木恭子、津田紗矢佳、太田絢子、寺田サキ、星井彩岐、猪熊隆之、川村にゃ子、Ikumi Suzuki、寺本康彦、玉泉幸久、初谷敬子、関口奈美、まりも、ふわはね、寺澤務、海老沢左知子、伊藤敏明、前崎久美子、佐久間祐樹・智央・好央、長峰聡、酒井清大、惣慶靖、ほずみ、佐々木千穂、渡辺巌、手塚英孝、佐野ありさ・江崎晶子、二村千津子、斉田季実治、綾塚祐二、井上創介、山下陽介、国友和也、林和彦、赤松直、木山秀哉、山本昇治、奥田純代、布施秀和、佐野栄治、鈴木智恵、柴本愛沙、小松雅人、新井菜央、丸山未久、大野大輔、谷侑乃輔・治寛・有紀子、長野聡、阿部雄稀、伊藤遥香、藤田侑泉・昂生、柿沼光太、野田紗蘭、加奈子・瑛壮、赤羽美空、井上啓大、ムキミ、真堂柾、岩田健暉、一村花音・慶、渡辺健介、髙橋美結、斉田有紗、海老沢凌我、てらさんず、Acloud、風月そあ、Madoka、久野敦矢、丸山桜季、佐藤真、nono、深澤亮、石川修平、今飯田捷真、渡邉あかり、そらのさかな、小川千奈、渡部太聞、小川泰生、あかねっくま、田中咲衣、まつもとみく、島野航輔、莉奈、あしたば、高原幸平、こだま、渡辺翔太、福田莉理、むぎゅ!、藤田一花、あのまろかりす、すずめ、PsPsPs、仲桐詩保美、安倍啓貴、ciel、きゃりこ、有田亮太、原口智子・一馬・結衣、西啓・京子・遥香、ひーなママ、岩崎泰久・くみ・はるひろ・ふみ、篠原千輝・真理、後藤一英・千晶・将冴・卓哉、森恵子・柚稀、西山敬・仁美・幸来・怜来、石田彩・碧生、阿部陽子・そうた、福田蕗子・恵子、わかな・ひな・まさふみ、小池みや子・誠一郎・美日・素日、山本星乃華・風宇香・航輝・涼加、とーる&とーこ(娘)&ふみ(娘)、及川伸一・周、中村のぞみ・若菜、須藤恵里・隆成・智衣子、佐伯希・遥、下地純敬・純子、溝下美弥子・実九、古田真一・静香・恵里、ゆな♪めぐ♪めい、中尾克志・小雪、りら・Marira、友紀＊成一＊良一、茗田麗子・真美・絵美、徒然草、秋元果園、神島理恵子、ためにしき、mizuuho、HORUTARO まきゆか、おにちゃんの妻、イノセンメダカ、清白、丹羽広美、二階堂朋子、川邉昭治、miu、雪風巻、のの、きんとと雲、沖田雅子、Yoshiken、まめぞう、徳永由里子、見張綾美、大竹こはる、yoko-tan、蓼沼厚博、石毛圭子、加瀬明子、ひがしひとみ、ゆきだるまるま、川口由香里、kumasai、縣晴香、掛水隆史、竹谷理鯉、棚橋由美子、瓦蕎麦旨え、パラグライダーが好きな CK、渡ひろこ、山口佳代、小倉愛弓、縁、平本興士、Hokulani、しいなりの、ふわはね、長井文、市原真貴子、鈴木寛之、オフトゥンニキ(:3[＿＿]、太田佳似、あきしゃん。、クミン、みぐねこ、堀口隆士、今野克洸、伊藤嘉高、kotoha、mou-sanpo、チェロりん、まなみさんがく、pugi pugi、岩崎憲朗、Keisuke Yasuda、彰子、レインボーアリス、Takuro、青木芳恵、astraia、沖園忠裕、ゆうき、星野有香、勝山恵子、Ito,Hiroshi &Aiko(JW)、@watagumo369、谷口めぐみ、安藤博則、都嵜祥人、田中学、遠藤健浩、ゆっか、まるまるかんかん、矢﨑玲、井上純、眞弓和江、やまなかれいこ、あいそらさくら、島脇健史、章江、すーさん、井戸井さやか、水口圭司、木津努、明惟久里、きむらちはる、中江文隆、伊藤裕美、上之原咲子、永野孝明、友歌、日暮千里、新直子、眞弓、kernel_san、久富悠生、小蕎愛弓、中山秀晃、川﨑圭子、元りん、藤原智子、moco 妹子、しなもん、℘ MMi ℘、ゆずシャンプー、すえ、宗田志麻、はらだみぃ、坂元正子、工藤麻子、おがわぎゃーこ、植草広長、山西由香、芥田武士、大平小百合、Satomi, H.、あなとーら、鈴木真理子、元美、坂本安子、みや、ほしのそらみ、久富明子、チュリッピーの、長野のかめちゃん、あきべぇ、森順美、白ネコメノウ、菅谷智洋、ひがしだゆか、武隈俊次、ばびらす、おかなつみ、Daisybell、荒川知子、有吉ゆかり、hidewon、折本治美、buccin、はれの、和田章子、ＳＯＮＯ 小河園子、水野こころ、中村美佳、レラ、構内 yocchel、ちなつき、秋野空、ちびまぎ、増井かなえ、kimiko.s、山戸眞理子、金森哲郎、橋爪美貴子、高橋克実、瀧下恵巳子、工藤周一、氏家美智代、スギさん、うぐいすさんと他７４１人、ひょう、村上優菜、ねっち、チャン香織、Runalia、中井美有紀、小川絢子、紫村孝嗣、たいよー、竹内健二、住吉区民センタースタッフ一同、くぶちゃん、山田めぐみ、▶ hideaki △、ax_nanba、中西智子、木村さとみ、安田由香、アストロクマ、空蝉、櫻井ゆき、許斐知華、比企、コペパン cicao、こむらさき、Masumi.I、なおねずみ、ゆもとさちみ、真夏の積乱雲、井内弥恵子、阿部英雄、佳(よっしー)、中川裕美、深見尚子、渋市清美、橋本真弓、熊谷智代、金村直俊、土井修二、miki*、すねちゃん、ゆいがかりな、禮(逢)、佐藤彰洋、KIMIKO WADA、ゆめみあすか、矢掛町川面公民館、ゆうづつ、堀田真由美、かわだなおみ、つきみ、ひかるパパ、高梨かおり、FourIzumo、森本由実子、JU DE、ふじさわさとこ、Kayo(DearPrincess)、ねこうらはらみ、大内山弘美、沖豊和・美智、奥山進、Yoriko NISHIZAWA、佐藤登美男、keco、ことり、佐藤美穂子、斎藤悦子、岩松公徳、ぷぅある、新田真一、北野湧斗、淵上晴美、やすかんあい、ASATO、田中洋子、TORY、りき丸さに丸、種村美保子、ロロン２０２６、増田亮介、にわか雪、岡留健二、まいこ、ゆゆ、matatakuyah、宍戸由佳、芳賀美和、ハナ、神田静江、フェッセンデン、関根朋美、下田啓司、原田紗希、長坂利昭、Ran, Mira and Kinue、渡邉傑、橋本典和、久保田美恵、福田佳緒里、橋本(もち)、古田五月、平城ツバメ、らー、むっちゃんかっちゃん、山口健太郎、木村真左子、はち。、内田龍夫、君島理恵、齊藤具子、gogo ジャビコ、梶尾奈月、nico、山中陽子、千葉悟、永瀬敏章、内田衣子、江口有、野島孝之、田宮裕子、グリーンティ、防災士・小野あやこ、H.KAWAHARA、シリウス、尾俊洋、石井歩（キャンディゆう茶ぽん）、林昭華、harewaka 工房、高島克子、海老原満恵、小林〝アマビエ〟秀行、大澤晶、23-24、torokotoro、IKU、古川浩康、パルジュン、久松紀子、前田舞、秋野潔、福井和子、島村佳世子、wakka、松室木綿子、盛内美香、山本充裕、あくろまーと、山崎秀樹、Kosei Inaba、早坂敦子、水上睡蓮、めるてぃ、のだしぶき、もんなとりえ坂田佳子、佐藤公彦、田中（響）剛、zakku 親子、うみ 191W00014、安達正志、山下咲織、山崎真紀子、瑠架、加藤聡子、小川典良、行川恭子、ひらかわあきお、ピエロコ、milk1145、新村友里、ココカレエミイロ、永華、西川貴久、chino.、ごきげん♪、ろころら、中岡聡、さちえ、紙田正美、sapphire、eロボ板羽昌之、山口美樹、さえ、ee69046、福田巧、日向ぽぽんた、宮本美代子、そらすきー、朝倉明、ゆうす、じぇんぬ、かずお、boso-ware、Mistral、そらら、稲倉未来、神尾広子、sorayume88、ふくしまともみ、荻嶋美夕紀、筑紫浩子、安部貴之、kappy、ミニドラえもん、はるさくら、野末枝里、叢雲、harmony018、吉田友香、田島功、moneypenny、りしゃる★、りこ、小川晃弘、まさみ嘉悦 LUPIN、菊地真美、新井勝也、池上榮、ブラック SS、櫻井さくら、奥山哲史、山村友昭、midori、父ちゃん、おさんぽんだ、とらももなな、まるちゃん、本間百合子、石田すみれ、KAYOKO、池本克己、深尾みちよ、あきぴえろ、blue.green、和田光明、はっぴーかえる、尾崎幸克、むぅとまま、郡みのり、Midori Motoki、@tktktw、望雲舎、Kumi、goro-michelle、もふもふさん、熊見羊祐、なかがわかな、Yuma Kuroki、高山み、shirolove、そらまめ、MaRu、河野香、小林俊夫、尾﨑容子、midoaki17、浅井孔徳、齋藤菜 保美、SATOMI BABA、外内賢、萩原恵子、まりちゅ、みんみん、んだのぉ、かずみ、高木伸一、田上正美、レオン、片山俊樹、ひろたまさゆき、もぐ子。、おかみん、N-train、ゆぅ、廣田はとみ、ころぴー、ながらみ、池本克己、虹ノ音々、安原みち、DANYO、Fusa、WNA おつかれ、稲葉祐子、出野亜矢子、柿崎睦美、髙桑房子、浦島もも子、うちやまともひこ、ひさよっち、安井雅夫、ミウラチカ、ぱた、小谷真理子、KAYOCO、MINA、石神絵実、まなべ整骨院、花村マリード、鎌田義春、寺岡健太郎、齊藤丈洋、泉谷俊之、江本宗隆、鳥居瑞樹、貝原美樹、whitesand、大津洋、平松早苗、空飛ぶペンギン、河原智、izumi ＊＊＊、すぱっちょ、うばがいゆきお、ゆべし（笹の方）、東恵美、松本由美子、森川陽子、Michiko.N、湯木祥己、こうけんママ、drummer、髭。、滝澤春江、枝光さやか、秋田カエ蔵、anohinosora、koi ママ、ごましおこんぶん石汁、村上美紀、赤尾彰子、turquoise、SolaniHane、落合雪江、石山浩恵、松岡香織、宮杉正則、菅野真美恵、福留舞、小野寺歓多、うし ＨＫ、古屋美紀、ドンキチ、田口大、オオカミ、熊澤由紀、あさひゆき、田中小百合、荒木凪・雪・めぐみ、星野リゾート　トマム、Adobe stock、PANDASTUDIO.TV、てんコロ.、アメリカ航空宇宙局（ＮＡＳＡ）、情報通信研究機構（ＮＩＣＴ）、アメリカ海洋大気局（ＮＯＡＡ）、気象庁、気象研究所

索引

※標示粗體字的頁碼為詳細解說頁

英文

ㄙ

ㄚ

ㄞ

ㄧ

ㄨ

ㄩ

台灣廣廈國際出版集團
Taiwan Mansion International Group

國家圖書館出版品預行編目（CIP）資料

讀一個天氣的故事：從味噌湯開始的氣象科普書！最會講故事的雲研究家，帶你打開天空的劇場 / 荒木健太郎著. -- 新北市 : 美藝學苑出版社, 2025.09
432面 ; 13x19公分 ISBN 978-986-6220-96-8(平裝)

1.CST: 氣象學 2.CST: 天氣

328　　114009637

美藝學苑

讀一個天氣的故事

從味噌湯開始的氣象科普書！最會講故事的雲研究家，帶你打開天空的劇場

作　　者／荒木健太郎
審　　訂／郭鴻基
譯　　者／鍾雅茜

總編輯／蔡沐晨・編輯／許秀妃・特約編輯／秦怡如
封面設計／陳沛涓・內頁排版／菩薩蠻數位文化
製版・印刷・裝訂／東豪・弼聖・秉成

行企研發中心總監／陳冠蒨

媒體公關組／陳柔彣
綜合業務組／何欣穎

發 行 人／江媛珍
法律顧問／第一國際法律事務所 余淑杏律師・北辰著作權事務所 蕭雄淋律師
出　　版／美藝學苑
發　　行／台灣廣廈有聲圖書有限公司
地址：新北市235中和區中山路二段359巷7號2樓
電話：（886）2-2225-5777・傳真：（886）2-2225-8052

代理印務・全球總經銷／知遠文化事業有限公司
地址：新北市222深坑區北深路三段155巷25號5樓
電話：（886）2-2664-8800・傳真：（886）2-2664-8801
郵政劃撥／劃撥帳號：18836722
劃撥戶名：知遠文化事業有限公司（※單次購書金額未達1000元，請另付70元郵資。）

■出版日期：2025年9月

ISBN：978-986-6220-96-8